农业非点源污染输移过程实验及机理研究

陈　星　许　钦　俞晓亮 等　著

科学出版社

北　京

内 容 简 介

农业非点源污染物的产生和输移与水文过程有着密切的互动关系，厘清流域的水文响应机理是研究这种密切互动关系的前提。本书通过野外观测实验，深入研究流域水文响应与农业非点源污染物迁移的互动机制。本书以分布式水文模拟结果为驱动，以简化的氮磷迁移转化动力学机制为前提，构建了农业非点源污染物迁移模型，并取得了较好的应用成果，获得了流域氮磷关键输出区域的分布特点，为非点源污染控制提供了科学依据。

本书适合流域水文模拟、生态水文学及环境水文学等领域的科技工作者、工程技术人员参考，也可供相关专业的本科生、研究生和教师阅读。

图书在版编目（CIP）数据

农业非点源污染输移过程实验及机理研究/陈星著. —北京：科学出版社，2023.3

ISBN 978-7-03-075115-7

Ⅰ. ①农… Ⅱ. ①陈… Ⅲ. ①农业污染源–非点污染源–污染控制–研究 Ⅳ. ①X501

中国国家版本馆 CIP 数据核字（2023）第 040312 号

责任编辑：周 丹 沈 旭/责任校对：郝璐璐
责任印制：张 伟/封面设计：许 瑞

科学出版社 出版
北京东黄城根北街 16 号
邮政编码：100717
http://www.sciencep.com
北京中石油彩色印刷有限责任公司 印刷
科学出版社发行 各地新华书店经销
*
2023 年 3 月第 一 版 开本：720×1000 1/16
2023 年 3 月第一次印刷 印张：8 3/4
字数：180 000

定价：129.00 元

（如有印装质量问题，我社负责调换）

作 者 名 单

陈　星　许　钦　俞晓亮　范丽丽

杨海亮　胡　哲　蔡　晶　张其成

向　龙

目　　录

第1章 绪 论

1.1 背 景

流域对暴雨的水文响应，即产汇流问题，是水文学的一个主要研究课题。影响水文过程的几大要素：降雨、下垫面、土壤、地质地貌等均具有小尺度的时空变化[1,2]，因此水文响应过程也具有很强的时空变异性。在水文模拟的初期阶段，由于计算机技术与测量技术的限制，水文学家们使用经验相关等黑箱模型或者用流域面上平均的状态变量代表流域特性来模拟流域内的水文响应过程，由于水文系统为高阻尼的响应系统，这些方法能够较好地模拟出流域整体的流量响应过程[3,4]，且由于方法简单、参数容易计算、不需要复杂的资料支持，经验相关方法与集总式水文模型现在仍在水文学研究中发挥着作用。

然而随着科技的进步，计算机技术与测量技术不断飞跃式发展，水文学家们对水文过程的研究不再满足于只得到流域整体的水文响应，加之在水文学的应用中，决策部门也越来越需要水文响应的时空变化信息，以便更加科学地制定水资源保护与管理措施。能够模拟水文响应空间变异性的分布式水文模型已成为深化与拓展水文学研究的一个重要工具。作为分布式水文研究的支撑技术，地理信息系统为空间数据处理提供了平台，高性能计算平台则为海量计算提供了可能。

分布式水文模型在构建中大多依据描述物理过程的连续方程、动量方程、质量方程等模拟产汇流、蒸散发等水文过程，因此模型结构复杂、计算量大，需要详尽的流域地质地貌、植被、土壤、土地利用等资料[5,6]。很多水文学家在构建分布式水文模型时，会根据需要简化对水文模型的描述，例如忽略模拟单元间的水量交换、简化某一水文过程（如地下水与土壤水、汇流过程）、忽略地表水-土壤水-地下水间的水量交换，以此来协调资料、计算量与物理过程描述之间的矛盾。但是这样构建的分布式水文模型，对某些水文过程的描述有所忽略，可能会造成某些率定参数的偏差[7-9]。例如，若忽略地下水对流量过程的贡献，必然会低估流量，为了获得较好的拟合，在率定过程中地表水计算参数可能会偏离实际数值。本书旨在使用全面考虑降雨下渗过程，地表水、土壤水、地下水运动过程，坡面汇流与河网汇流过程，地表水–土壤水–地下水水量交换过程的分布式水文模型，研究流域水文响应机理。模型中包含的计算参数均具有物理意义，容易通过流域观测数据确定。

太湖流域是我国经济最发达的地区之一，总面积 36895 km^2。太湖流域雨量丰沛，多年平均年水资源总量为 162 亿 m^3，但因流域内人口密集、社会经济发展程度较高，流域水资源量已远远不能满足用水需求。加之工农业废水和生活污水的排放，导致河网、湖泊水质污染，流域整体水环境质量恶化。自 20 世纪 90 年代以来，部分水质指标下降了两个等级。湖泊富营养化区域扩大，蓝藻暴发频繁，严重的流域水质型缺水已成为流域经济社会可持续发展的瓶颈[10-12]。

有关资料表明，输入太湖的总氮（TN）、总磷（TP）分别是最大允许入湖量的 8.8 倍和 33.2 倍，其中一个最重要的原因就是农业非点源污染的影响[13]。非点源污染（non-point source pollution），或称面源污染（diffused pollution）是指溶解性或固体污染物从非特定地点、在非特定时间的降水和径流冲刷作用下汇入受纳水体时引起的水体污染，其主要来源包括水土流失、农业化学品过量施用、城市径流、畜禽养殖等。而农业活动又是非点源污染物的主要来源。举例来说，1950～1998 年，全世界有 6 亿 t P 通过施肥作用于农作物，只有 2.5 亿 t P 通过农作物收割而移除，这其中动物消耗农作物并转换为肥料返回给土壤的大概有 0.5 亿 t P，这样算来，P 净节余了 4 亿 t。这些磷或者储存在土壤中，或者已通过地表水的侵蚀和淋滤作用输出。而累积在土壤中的氮，一部分被淋滤而进入地表水或地下水；一部分挥发进入大气，以酸雨或干沉降的方式进入水生态系统。

非点源污染物的产生、迁移和水文循环有着密不可分的联系，水流是非点源污染物迁移转化的媒介，水文过程与非点源污染物迁移转化过程是互相影响、互相作用的[14-16]。水文过程（地表径流、壤中流、地下径流对降水的响应）对农业非点源污染物的产生与分配有着举足轻重的作用，要从机理上研究农业非点源污染物迁移转化规律，必须先从机理上阐述水文物理过程。若要减轻水体污染状况，改善水体富营养化现象，就要减少氮磷随水文过程从各种途径进入水体的总量。否则，随着人口的增加和人类活动（如化肥制造、燃料燃烧）导致固氮作用的加大，氮磷的累积量就会增加。因此，确定农业活动中氮磷输移的影响因子，了解氮磷随水文循环的迁移转化规律是十分必要的。它不仅为了解氮磷随水文过程的迁移转换机理、控制非点源污染物输出、改善水环境、发展高效农业提供了科学依据，而且对经济社会的可持续发展有着深远的影响。

1.2 国内外研究现状

1.2.1 分布式水文模型研究进展

水文模型已经成为水文学研究以及水资源管理与防洪决策不可缺少的工具，自20世纪80年代以来，计算机的普遍应用和计算能力的不断提高为水文模型的迅速发展提供了条件。当今的水文模型已不再局限于对某一水文过程的求解，而是向能够描述整个水文循环过程方面发展，即把水文循环的各个环节耦合为一个整体进行模拟研究，包括降雨产流过程、陆面汇流过程、蒸散发过程、土壤水运动过程以及地下水运动过程等。水文学是研究地球上水的时空分布与运动规律的科学，且水圈与大气圈、岩石圈、生物圈都存在紧密的联系[17]。近年来，随着科技的发展，学科间的交叉研究显得日益重要，水文学与其他学科（如大气科学、环境科学、生态学、土壤学等）的交互机理研究已成为水文研究中的重要组成部分，水文模型的发展前景因此得到拓宽，水文模型与大气模型、生态模型、环境模型等的耦合为这方面研究提供了必要的工具[18-20]。

按照建模角度，水文模型可以分为集总式水文模型与分布式水文模型。集总式水文模型将整个流域作为一个整体来模拟，一般不考虑水文现象与水文参数的空间分布。集总式水文模型产生较早，属于水文模型早期发展形式，在水资源合理利用及水灾害防治方面起到了重要作用，并且在应用中得到不断的发展与完善，今天仍然在许多水问题研究中发挥着重要作用[21,22]。随着社会经济的发展、人口的增多、人类开发利用自然的程度不断加深，水资源问题日益严峻，水资源与社会、经济发展间的相互制约关系愈加突显，人类活动对水资源的影响已成为水循环改变的主要影响因素之一，在这一背景下产生了分布式水文模型。分布式水文模型充分利用3S技术（RS、GIS与GPS），能够考虑水文响应与水文变量的空间分布、获得流域面各研究变量的时空分布信息[23]。尽管分布式水文模型自身还不够完善，相对于传统的集总式水文模型在模拟结果上没有明显提高，但是对于研究水资源的形成与演变、加深对水文过程物理机理的认识、分析人类活动对水循环的影响有着不可替代的作用。因此近20年来，分布式水文模型成为水文研究的热点，而分布式水文模型的不断成熟，也为研究者们提供了一个分析不同条件下水文响应时空变化的工具。

基于物理基础的分布式水文模型的概念由 Freeze 和 Harlan 在 1969 年第一次提出（FH69）[24]，他们发表的 *Blueprint for a physically-based digitally-simulated hydrologic response model* 的文章标志着分布式水文模型研究的开始。1975 年，Hewlett 和 Troenale 提出了森林区的变源面积产流模型，对研究区域分块计算降雨产流[25]。1979 年，Beven 和 Kirbby 根据变源面积产流机制建立了 TOPMODEL[26]，该模型通过研究流域的数字高程模型（DEM）推求地形指数，并利用地形指数反映下垫面的空间变化对流域水文响应的影响，模型的参数具有物理意义，但 TOPMODEL 没有考虑降水、蒸发等因素的空间分布对流域产汇流的影响，因此，它不是严格意义上的分布式水文模型。而由丹麦、法国及英国共同研制的 SHE 模型则代表了早期比较完善的分布式水文模型[27]，SHE 模型考虑了植物截留、下渗、土壤蓄水、蒸散发、地表径流、壤中流、地下径流、融雪径流等水文过程，用方形网格划分流域，模型中的主要水文过程由质量守恒、动量守恒和能量守恒偏微分方程的有限差分或有限元公式来描述，模型的部分参数具有物理意义，可由流域特征确定。

20 世纪 80 年代至今，是分布式水文模型迅速发展的时期，主要由于计算机技术的迅猛发展，计算能力得到质的提高，通过地理信息系统与遥感、雷达获取降雨等水文变量技术的不断进步也为分布式水文模型的发展提供了平台与数据支持。这期间出现了大量的分布式水文模型，包括 CEQUEAU、CASC2D、HYDROTEL、IHDM、SWAT、SWRRB、WATFLOOD、SLURP、SMR、HSPF、VIC、HMS 等[28-38]。虽然不同模型使用不同的微分方程、求解方法和流域离散方式，但是总体上来看，大多数分布式水文模型遵循了 FH69 的框架，即通过质量、能量、动量方程描述水文现象，通过连续方程描述水量和能量的时空变化。

国内开展分布式水文模型方面的研究比国外要晚一些，自 20 世纪 70 年代起不仅完善了一些已有的流域水文模型，例如将我国经典的概念性水文模型——新安江水文模型修改为半分布式水文模型，成功地运用于多个流域的水文模拟和水库水资源调配管理中[38,39]，并致力于创建新的流域水文模型，例如黄平和赵吉国对一些具有物理基础的分布式水文数学模型进行了分析，提出了流域三维动态水文数值模型的构想，建立了描述森林坡地饱和与非饱和带水流运动规律的二维分布式水文模型[40]；任立良和刘新仁根据 DEM 进行了河网与子流域编码，建立了河网拓扑关系[41]；郭生练等提出了一个基于 DEM 的分布式流域水文物理模型[42]，详细描述了网格单元的截留、蒸散发、下渗、地表径流、地下径流、融雪等水文物理过程；张建云和何惠建立了分布式月径流模型，用于水资源动态模拟评估[43]；吴险峰等提出了一种适用于人类活动较少、半湿润和半干旱地区的松散耦合结构的分布式水文模型[44]；唐莉华和张思聪提出了一个针对小流域的分布式水文模型，包括产汇流和产输沙模型[45]；李兰和钟名军提出了一种分布式水文模型[46]，该模型耦合了坡面流、壤中流、地下水流、河川径流和土壤含水量方程组；李丽等提出了一种以 DEM 为基础的分布式水文模型[47]；夏军建立了分布式时变增益模型（DTVGM）[48]。同时国内的学者还不断将国外比较成功的分布式水文模型引进到国内的水文学研究中[49-53]。

分布式水文模型不仅随着水文学的新发现与新理论得到不断完善，同时也受到其他学科与技术的影响，如分形理论、计算机科学、数学、测量学等，其中数字高程模型（DEM）、地理信息系统（GIS）与遥感（RS）是分布式水文模型的三大基础支撑技术[54,55]。DEM 主要用来描述区域地表高程的空间分布，并且能够生成流域边界、流域水系等，自动提取坡度、坡向、栅格间的联系等地形参数。GIS 在获取、存储、显示、编辑、处理、分析、输出空间数据方面具有强大的功能，它将地图显示与数据库操作功能结合在一起，使水文研究者能够清楚了解土壤、植被、地形、水系等要素的空间分布，以及土壤含水量、地下水、产流量等水文变量的空间分布，促进了对水文响应过程的理解，方便了水文学家对水文过程进一步地认识与阐述。遥感技术则为分布式水文模型提供了有力的数据支持，通过遥感技术能迅速地在大范围内获取数据资料，能够为分布式水文模拟提供土壤、植被、地形、水系等基本信息，以及土壤含水量、蒸散发、云中水汽含量等的空间分布，为模型的率定与完善提供实测资料。另外，遥感数据的格式同分布式水文模型的流域离散方式类似，这给使用上带来了便利。

1.2.2 农业非点源污染物迁移转化研究进展

非点源污染的产生位置与数量都具有不确定性，空间分布广且不均匀，因此同点源污染相比较，非点源污染的监测与控制都要困难得多，并且非点源污染物的产生、迁移过程较为复杂，涉及多个学科（水文学、水力学、土壤学、化学、气象学等），对机理研究提出较大挑战[56-58]。根据非点源污染物产生地点的不同，大致上可以分为城市非点源污染与农村非点源污染。由于农业耕作的普遍性、农业化肥施用量不断增加，农业活动产生的非点源污染已成为威胁水环境、造成水体富营养化的最重要因素之一[59,60]。

农业非点源污染的产生和输移与降雨径流过程是分不开的[61-64]，土壤中营养元素主要以溶解态或吸附态形式流失。径流对土壤中污染物有浸提和冲洗作用，径流与土壤中营养元素的浓度差使得氮、磷等营养元素从土壤中向径流中迁移。降雨产生的雨滴溅蚀和汇流过程的侵蚀作用，使得径流含有携带着吸附态营养元素的泥沙。另外，土壤水的运动也会携带一部分营养物质随水流向着土壤深层运动，甚至污染地下水，这一过程称为淋溶损失。土壤中的硝态氮是一种易于通过淋溶作用损失的营养元素，能够随着下渗的水流沿土壤剖面扩散。

氮的存在形式主要有两种——溶解态无机氮与吸附态氮。氮是一种较为活泼的元素，土壤中各种形式氮的主要转化过程包括矿化、固定、硝化、反硝化等（图 1-1）。氮通过施肥、固氮、降雨等过程进入土壤，通过植物吸收、淋溶、挥发、反硝化及侵蚀作用从土壤中损失。有机氮是土壤中氮的主要存在形式，各形态氮素之间的转化机理较为复杂，影响因素较多（如 pH、温度、土壤含水量、土壤质地、氧化还原状况等）。通常情况下，温度较高有利于矿化，温度较低则有利于生物固定；好气环境有利于生物固定，厌气环境有利于矿化。硝化与反硝化过程需要微生物作用，反硝化作用在氧浓度较低的土壤环境中才能进行，在土壤含水量较高的区域或土壤局部厌气区（如根区）较易发生。对于农业耕作区，反硝化作用使得土壤氮素及施入土壤的氮肥损失，不利于作物生长，因此在农业生产中需要采取措施（如改善土壤通气状况）来防止反硝化作用造成的氮流失。NH_4^+-N 和 NO_3^--N 是引起水体富营养化的两种主要氮素形式，土壤颗粒和胶体通常带负电荷，因此 NH_4^+-N 一般吸附在土壤中[65]，以可交换铵形式存在；NO_3^--N 与土壤胶体均带负电荷，不易被吸附，因此硝氮易随着土壤水向下淋溶或进入地表径流。研究表明，不同的植被、土地利用、土壤、降水、施肥等对氮素流失及流失形态等均有影响[66-75]。硝氮的淋溶受到土壤质地、可供水量、耕作方式等的影响[66,76-78]，同时与土壤硝氮含量（即施肥量）有很大关系，大多数研究认为当施肥量超过正常施肥量而达到某一阈值时，硝氮的淋溶量与施用氮量呈正相关关系[79-83]。

土壤中磷的存在形式有有机磷、难溶态矿物磷与溶解态磷酸盐。磷素通过施肥、动植物残渣等进入土壤，通过植物吸收或降雨侵蚀作用从土壤损失（图 1-2）。磷在大多数环境下都比较难溶，而溶解态无机磷是可利用磷的唯一形式，能够被藻类直接利用。磷容易在地表富集，不容易发生淋溶，当降雨事件发生时，颗粒

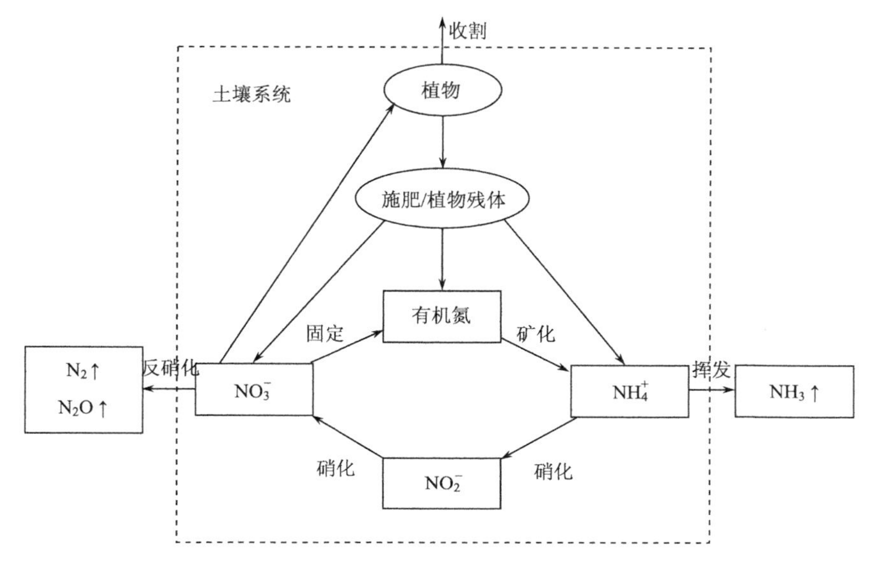

图 1-1　土壤系统氮循环示意图

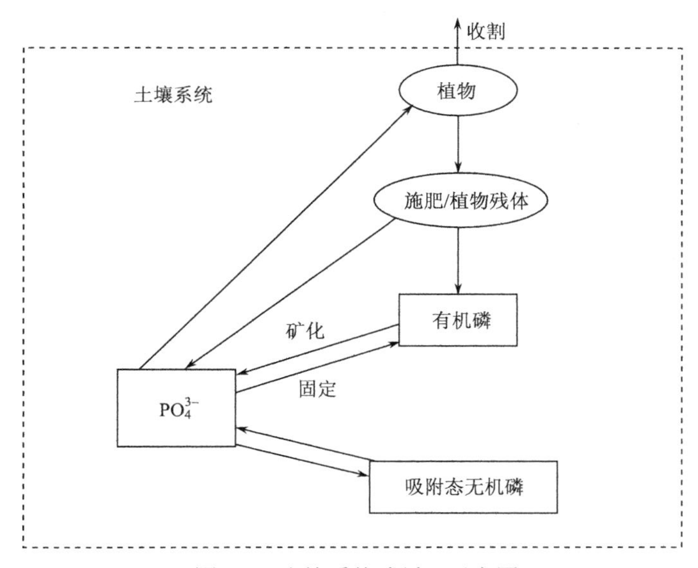

图 1-2　土壤系统磷循环示意图

态磷随着侵蚀作用流失，而溶解态磷随着地表径流迁移[84-87]。土壤中磷素循环主要包括吸附/解吸、矿化/固定、沉淀/溶解、植物吸收过程，磷的转化迁移受到土壤、植物、大气等多因素的影响，使得模拟其转化迁移过程十分困难。其中，磷的吸附/解吸作用和矿化作用是影响磷输出的两个重要因素，磷的吸附/解吸过程同土壤理化特性、水土比、pH、土壤矿物组成等因素有关，有机磷的矿化则与土壤有机磷储量、微生物作用、磷酸酶活性等有关[88-91]。

国外对于非点源污染物迁移转化的研究起始于20世纪70年代，普遍采用野外观测实验、室内模拟和模型数值模拟等方法开展研究。至今已在方法、技术及理论方面取得很大进步，由初期的定性研究发展为如今的定量研究，而将非点源污染计算方法模型化已成为非点源污染理论与应用研究的热点。非点源计算模型通常包含三个模块：降雨径流模拟、水土流失模拟、污染物迁移转化模拟。

早期的非点源模型为集总式模型，采用经验方法或概念模型计算非点源污染物，这些方法要求的数据量小、原理简单。如CREAMS模型[92]，主要用于研究土地利用与管理对水、泥沙、营养物和杀虫剂输移的影响，模型使用SCS曲线数方法计算降雨产流、通用土壤流失方程（USLE）计算产沙，使用概念模型计算污染物负荷；基于CREAMS模型，开发了GLEAMS模型[93]，不同的是在GLEAMS模型的非点源污染物负荷模拟时考虑了N和P的循环过程，氮循环包括矿化、固定、氨的挥发、反硝化、植物吸收、豆类固氮以及氮的淋溶迁移损失，磷循环包括矿化、固定、植物吸收以及磷的迁移损失。

由于集总式模型不能描述要素的时空变异性，也不适用于大型流域，而非点源污染的特点就是时空变化性强，随着地理信息系统（GIS）逐渐成为模拟不可缺少的空间分析和集成工具[94-97]，用于非点源污染物迁移转化模拟的分布式机理性过程模型也不断发展起来。按照模拟事件的连续性，可将分布式水文模型分为单个事件模型（如ANSWERS、AGNPS）和连续性模型（如HSPF、SWRRB、SWAT、WEPP）。这些模型基于分布式模型的理论和方法进行构建，计算模块尽量使用反映物理机制的数值方法，能够反映产流产污的时空变化。但是这类模型的弱点是需要的数据量很大，对数据的准确性依赖大，使得模型中的众多参数率定缺少实测数据，由此影响这类模型的准确性与实际应用领域。以下介绍几个在国际上得到广泛应用的代表性模型。

ANSWERS模型[98]采用方形网格划分研究区域，水文过程采用概念性模型模拟，用泥沙连续方程模拟侵蚀，能够描述不同土地利用对水文、侵蚀、非点源污染物响应的影响。AGNPS模型[99]采用方形网格剖分流域，模型包含水文模拟、侵蚀和泥沙输送计算、氮磷和化学需氧量（COD）的输移模拟等，其中将化学物质的输移计算分为溶解相和泥沙吸附相分别进行。HSPF模型[100,101]能使用分布式的方法模拟陆面、土壤、地下与河道介质中的水文过程，以及污染物在这些介质中的输移过程。SWRRB 模型[102]可根据土地利用、土壤类型、地形、降水和温度的差异来划分响应单元，在每个单元上可以模拟天气、水文过程、池塘水库蓄水、植物生长、泥沙和污染物迁移等。SWAT 模型[103,104]在空间信息的描述方面强于 HSPF 模型和 SWRRB 模型，它主要用于模拟连续性事件，比较全面地模拟水文过程和非点源污染物输移过程，既可用于水文与污染物输移过程研究，又可用于评价非点源污染管理措施，供管理者进行规划和决策。WEPP 模型[105-107]能够模拟陆面与河道中的水文过程和泥沙、非点源污染物的输移过程，还能够考虑冬季冰冻和融雪的影响，得到土壤流失、非点源污染物输出的时空分布。由美国国家环境保护局开发的 BASINS 模型整合了水文、水质、水生态模拟模块，还包括了工程措施及费用效益分析等[108]。MIKE-SHE 模型[109]是一个具有物理基础的分布式模型系统，能够模拟整个水文循环过程以及泥沙、污染物的输移。以上介绍的模型均包含有大量的参数，能够在分布式模拟中考虑参数的时空变化，因此通常以 GIS 为模拟环境，或使用配套程序，能够方便地处理输入数据，显示中间计算成果与模拟结果。

国内相关的研究工作开始于 20 世纪 80 年代，研究进展可分为两个阶段：第一阶段的研究不进行产汇流计算，主要根据实测资料建立非点源污染物负荷与径流量之间的关系。例如，朱萱等通过研究农田暴雨径流污染特征及污染物输出规律建立了径流-污染负荷统计模型；陈西平等通过对代表性小区降雨产流产污资料进行统计分析，外推并建立了涪陵地区五日生化需氧量（BOD_5）、悬浮固体（SS）、COD、TN、TP 五种污染物的降雨冲刷预测模型；李定强等分析了杨子坑小流域主要非点源污染物氮、磷随降雨径流过程的动态变化规律，建立了降雨量-径流量、径流量-污染物负荷输出量之间的数学统计模型。第二阶段的研究首先进行产汇流计算，然后计算非点源污染负荷，采用单位线、统计模型、机理模型等方法测算污染物负荷。例如，陈西平提出了降雨产流模型和径流水质相关模型，用于计算农田径流污染负荷，并根据蓄水容量曲线确定产流，根据径流量确定污染物输出总量；李怀恩等建立了非点源污染物迁移机理模型，使用逆高斯分布瞬时单位线法计算流域汇流，利用统计方法计算污染物负荷，较好地模拟了于桥水库洪水、泥沙和污染物的产生和迁移，另外他还提出了简单的产污计算模型，忽略污染物迁移的具体过程，不过该模型只适用于长时段污染负荷的预测。可以看出，关于非点源污染模型的研究大多集中于污染负荷的计算，这需要大量实测资料的支撑。对于非点源污染的研究较少考虑壤中流与地下水的影响，而且对非点源污染空间变化性的研究也较少[110-118]。另外，我国的学者也引入了一些国外成功的非点源计算模型，将它们应用于我国的非点源污染模拟与研究中，取得了较好的模拟效果[119-121]。

水流是非点源污染物输移的主要介质，水文过程与非点源污染物的迁移转化过程有着相当紧密的联系。虽然进入21世纪以来科学技术得到了质的飞跃，数值模拟技术、计算机技术、3S技术、测量技术等都有了革新与巨大的发展，但是对水文响应、污染物输移转化这些复杂物理过程的机理描述仍存在很大的进步空间，至今尚不能精确描述不同尺度下水文响应的物理机理及污染物迁移转化的具体物理、化学、生物过程，这也导致在进行水文与污染物模拟时存在一些难以解决的问题。例如，水文过程与污染物迁移过程是如何相互影响、相互作用的，污染物在水-土界面是如何交换的，不同地形、不同土壤、不同植被、不同降雨事件是如何影响水文方程响应与污染物输移响应过程的，不同尺度下水文过程与污染物输移物理过程是如何关联的，各种形态的非点源污染物是如何在不同的自然环境中转化迁移的，等等。这些问题的解决需要相关学科（水文、环境、生物、数学、测量等）的不断发展，同时需要这一领域的研究者们不断努力，在前人总结的研究成果与研究方法基础上，通过实验等手段继续物理过程的机理研究，由此不断完善水文与污染物的输移转化模拟，这对研究人类活动影响下的水循环与污染物循环，以及为水资源合理开发利用提供科学基础都有重要意义。

1.3 本书研究内容概要

1.3.1 研究目的

作为一门基础科学，水文学用于解决水资源利用中的水文问题，如今水文学已由对单个过程的研究发展为对综合过程的研究，着重于不同水文过程间能量与物质交换，从物理机制角度描述水文循环。分布式水文模型已成为水文学机理研究与应用研究的重要工具，能够利用数字高程等分布式数据模拟不同下垫面条件下的水文响应，解决在不同水文过程的边界条件下不同水文模型的耦合。分布式水文模型的结构使它易与水环境模型耦合，描述污染物输移转化的过程及时空分布。随着点源污染物的控制与治理技术日趋完善，非点源污染日益引起人们的关注。非点源污染的产生和输移与水文过程是分不开的，在降雨事件中，地表径流携带着侵蚀的泥沙、溶解态及吸附态的污染物随着坡面流与河道流向受纳水体汇集，下渗进入包气带的水流与土壤间存在污染物质的交换，受到降雨下渗水量补给的地下水同样携带着污染物向流域出口汇集，地表径流-壤中流-地下水是一个相互之间有水量交换的系统，污染物也在这一系统中随着水流运动而迁移。因此研究非点源污染物的输移，首先需要了解水文响应的物理机制，水文过程的时空响应影响着非点源污染物的时空响应规律。水文响应与非点源污染物的输出不仅受降雨等气象因素的影响，还受地形、土壤、植被等因素的制约，为了更准确地模拟水文循环的物理过程，本书通过分布式水文模型来模拟各种水文过程，反映各空间要素对水文响应时空变换的影响，整合了地表水、壤中流、地下水这几个通道内的水文过程，既考虑水平方向的水流运动，也考虑垂直方向的水流运动。通过分布式水文模型能够更清楚地阐述地表水-地下水的相互作用过程、地表径流在汇流过程中的沿程下渗过程、坡面汇流与河道汇流过程、蒸散发过程等，更符合实际地描述水文响应的时空变化情况。通过野外实验流域以及在流域内设置的不同实验小区进行降雨产流产污同步观测，定量化研究小流域产汇流机理、非点源污染物输出机理及水文循环与非点源污染物输移之间的相互作用机理。通过构建的分布式模型分析各因素（下垫面、人类活动及管理措施）对水文响应及非点源污染物输出过程的影响。

1.3.2 研究内容

1）流域水量水质原型观测实验

选择位于太湖流域丘陵区的宜兴梅林流域，采集降雨事件过程中流量与水质同步观测数据，分析水流与非点源污染物随水文过程的迁移转化规律，由此定量化研究小流域的水文过程与非点源污染物迁移转化过程，并确定相关物理参数。针对流域内的几种典型植被，设立实验小区进行降雨产流产污观测，研究下垫面和不同的耕作管理措施对水文响应及非点源污染物输移转化的影响。

2）流域水文响应机理研究

经典的霍顿（Horton）产流理论认为，当降雨强度大于下渗强度时会产生降雨径流，按照霍顿机制产生的坡面流是在不饱和的土层上产生的，存在于一些没有植被覆盖并且土层较厚的区域。然而，根据山坡水文学的研究，一些湿润地区植被覆盖好的流域，某处产生的地表径流量随着坡面进行汇流，在汇流过程中不断地下渗，由此形成饱和层，当饱和层不断增厚到达地表时，降雨很容易形成饱和坡面流。这种饱和坡面流很难在全流域产生，但容易在一些局部区域产生，如流域内的凹地、与河湖相连的坡脚等。这些地方通常土壤含水量较高，在降雨过程中较易产生饱和坡面流，并且随着降雨过程的继续，饱和带沿坡向上发展，这种饱和带扩张产流机制整合了地表水、壤中流、地下水这几种水流通道，具有很强的时空变化性。通过流域原型水文观测实验，弄清流域降雨产流在时间与空间上的响应过程，对于更好地研究水文过程的物理机理、定量化水文过程、理解水文过程与污染物输移之间的关系十分必要。

3）分布式流域水文模拟

水文响应过程受到降雨、地形、地表覆盖和土壤特性等空间分布要素的影响，为了更准确地模拟水文物理过程，构建基于物理机制的多元分布式水文模型来综合描述各水文过程，反映各空间要素对水文时空响应的影响，需分别模拟降雨产流及汇流过程、土壤水文过程、地下水水文过程和地表水-地下水交互过程。在水文响应进程模拟中既考虑了垂直方向的水流运动（土壤水、河道-地下水水量交换），也考虑了水平方向的水流运动（坡面流、河道汇流、地下水流），由此建立整合了各水文过程的分布式水文模型，模型中的水文参数均具有物理意义，能够根据观测数据来确定参数，描述实测水文过程的物理机制，以便能更贴合实际地反映水文响应过程。

4）农业非点源污染物随水文过程迁移转化机理及控制因子研究

非点源污染物与水文循环的关系可以被理解为：非点源污染物随着降水通过一系列路径，经过地表渗入土壤并与浅层地下水汇合最终进入水体的迁移转换过程。这些水流路径的水文地球化学特征和其内水流的流速控制着水量与污染物的输出。了解这些路径内水流和污染物迁移转换规律，以及它们在各路径间的转换特性，即它们在各路径内对输出总量的贡献，对于理解产汇流机理、控制改善非点源污染物输出是非常重要的。水文过程与非点源污染物迁移转化过程是紧密相连的，本书主要研究农业非点源污染物在降雨过程中随水文过程（地表水、地下水）的输移转化过程，研究不同地形地貌、土地利用等因素对氮磷输出的影响，以及氮素、磷素的输出特性。

5）定量化研究流域非点源污染运移

农业用地占全国土地利用的很大部分，农业活动产生的非点源污染受到越来越广泛的关注。但是用于减少农业非点源污染的措施和方法并没有使用最新的科学研究成果，而是落后了几十年。如今大多数用于控制非点源污染的方法是利用 20 世纪 30 年代发展的水土保持措施，即减少土壤侵蚀、增加土壤持水能力。这些方法取得的成效有限，因为它们没有考虑溶解污染物的输移过程，特别是水文过程对于氮磷输移的影响。本书依据对典型流域的水量水质同步观测数据，描述氮磷输移机理，以分布式水文模拟为驱动建立降雨事件氮磷输移负荷模型，研究流域中氮磷输出的关键源区。

1.3.3 技术路线

本书研究技术路线图详见图 1-3。

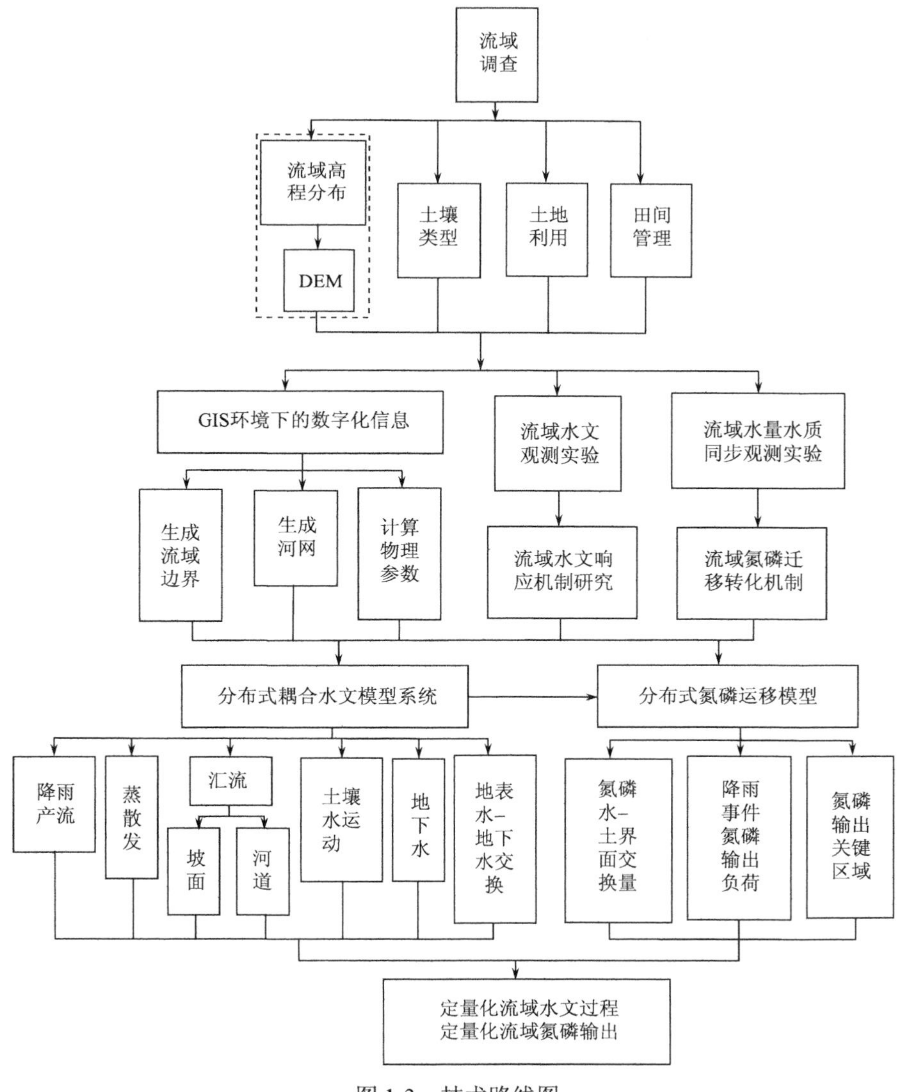

图 1-3 技术路线图

第一，根据观测资料分析水文响应与非点源污染物转化和迁移的事实及相互作用规律，建立有物理基础的、适用于非点源污染物运动过程的分布式模型；

第二，利用 GIS 技术提取流域特征，构建模型；

第三，选用太湖流域一实验小区为研究对象，检验所建模型的合理性与适用性。

第 2 章　实验流域概况与特征提取

2.1　地 理 位 置

梅林流域位于宜兴市东南（31°20′N，119°51′E），流域边界清晰，面积为 56.5 hm^2。该流域距离太湖约 9 km，为典型的太湖流域低山丘陵区。

梅林流域以农业耕作为主，农业种植占流域面积的 78.2%，除此之外，林地（主要为竹林）占 11.7%、草地占 6.0%、水塘占 2.5%、居住用地占 1.6%。流域内主要种植的作物包括蔬菜、板栗、毛竹、果树、水稻、玉米和茶叶。

2.2　地 形 地 貌

梅林流域属于构造剥蚀残丘区，残丘顶部较圆，山坡较缓，坡度 5°～15°，地层属扬子地层区江南地层小区，地层发育较为齐全。流域的地下水为松散岩类孔隙水，近地表分布，含水岩性以黏性土为主，局部夹黏质粉砂和亚砂土。潜水含水层水位埋深受微地貌条件制约，具季节性升降变化规律。流域内由于地形变化，水位埋深变化较大，一般在流域内的平原地带水位埋深约为 1 m，而在丘陵地带则为 3～5 m。地下水主要以大气降水入渗为主，在天然条件下地下水的运动方向与地表水系一致。潜水多为 HCO_3-Na · Ca 型淡水，矿化度介于 0.3～0.6 g/L。梅林流域海拔最高为 46 m，最低处为 3 m。土壤类型为红黄壤和水稻土。

2.3　水 文 气 象

研究区域位于北亚热带南缘海洋季风气候区，受季风环流控制，全区气候温和湿润，四季分明，雨量充沛，光照充足。平均气温在 15℃左右，多年平均无霜期长达 240 多天。多年平均降水量为 1198 mm，最大降水量可达 1738 mm，水资源丰富。降雨多集中在汛期的 6～9 月，汛期雨量一般在 584.1 mm，约占全年降雨量的 50%。

2.4　流域水文观测实验

梅林流域的观测实验开始于 2003 年，2006 年根据流域内几种主要的植被覆盖情况建设了 5 个实验小区，主要用于观测降雨事件中不同土地利用类型的产流产污特征。为全面了解流域水文响应机理，每个实验区附近修建了地下水观测井，并使用 FDR 土壤水分传感器观测不同土地利用类型土壤含水率变化情况。梅林流域出口处安装有翻斗式雨量计，忽略雨量在梅林流域内的空间变化，认为梅林流域各处的雨量都能用该雨量计测得的雨量来代表（图 2-1）。因为梅林流域面积不大，这一假设是成立的。在流域出口处修建矩形薄壁堰，并在堰上安装水位自动监测仪，利用薄壁堰流量公式根据记录的水位计算出口断面的流量。根据流域内主要的土地利用分布，选择板栗林、竹林、旱地和菜地设置观测实验小区（图 2-2），使用隔板将实验小区与周围区域隔开。其中，杨家山实验区的土地利用类型为板栗林，与上述板栗林实验区不同的是利用天然分水线形成小区边界。在实验小区出流处设置导流槽，导流槽下设置径流收集池。旱地内种植的主要为玉米、油菜等植株较高、株间距较大、需水量较小的作物，而菜地种植的主要是青菜、茄子等需要经常灌溉的蔬菜。杨家山实验区的土地利用为板栗林，与板栗林实验区不同的是利用天然分水线形成小区边界。在每个实验区附近设置地下水观测井，用于观测流域内潜水的时空分布特征，地下水观测井的布置以能够控制流域地下水位的空间分布状况为原则。

（a）流域出口处与薄壁堰

（b）雨量计

（c）实验小区　（d）地下水位观测

（e）实验小区径流收集池　（f）土壤含水率观测

图 2-1　梅林流域观测位置

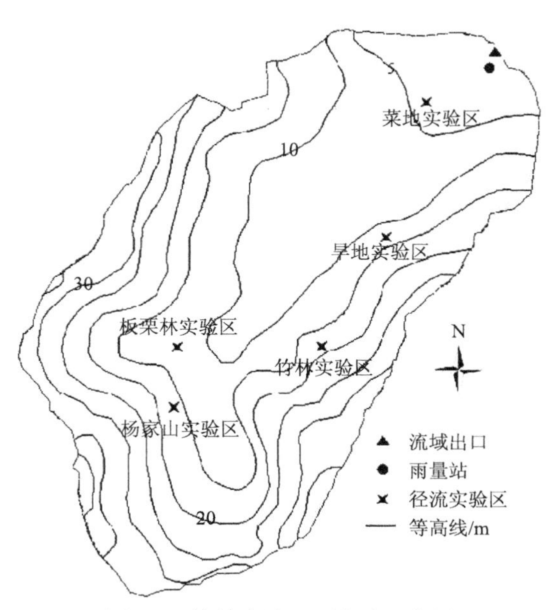

图 2-2　梅林流域观测实验区位置

2.5　基于 GIS 的流域特征提取

2.5.1　概述

地理信息系统（GIS）为分布式水文模型的发展提供了基础，GIS 能够综合处理和分析空间数据，分布式水文模型使用的数据格式与 GIS 中的数据格式具有相似性，都以一定的空间分辨率划分研究区域，如高程、植被、土壤等数据。GIS 提供的数据处理功能极大地方便了分布式水文模型的构建，并且其强大的图形显示、分析、统计功能使水文学家们很方便地研究流域特征的空间分布及其对产汇流的影响[122-124]。

地形特征是影响水文响应最重要的因素之一，对于具有物理机制的分布式水文模型来说，建立研究区域的数字高程模型（DEM），并由此得到流域特征参数是十分必要的，这些流域特征包括提取河网、划分流域边界、计算水流流向、得到汇流次序、计算水文参数等。输出的计算结果包括一般集总式水文模型能够模拟的特征点（如流域出口）处的水文过程，并且可以得到模拟时间段内任一时刻每个栅格的产流量、下渗量及土壤含水量，从而加深对产汇流等水文过程的认识，促进了水文模拟技术的完善和发展[125,126]。

2.5.2　建立流域数字高程模型

数字高程模型（DEM）是一定范围内规则网格点的平面坐标（X,Y）及其高程（Z）的数据集。目前，大多数的分布式水文模型都以 DEM 及其栅格系统为基础，根据 DEM 提取地形信息并设计模型的计算结构。借助 DEM 可以很方便地将通过实测、遥感等方法获得的地形数据进行叠加，生成流域的栅格数据系列，据此才能够确定出各个网格之间的相互关系和计算次序，这对于分布式水文模拟是至关重要的。

分布式模型之所以能够迅猛发展，关键就在于一些相关技术[如数字高程模型（DEM）、地理信息系统（GIS）和遥感（RS）等支撑技术]的逐步完善和发展。其中，尤以 DEM 的广泛使用最为突出。目前，大多数的分布式水文模型都建立在 DEM 的栅格结构之上，并依托 DEM 进行模型所需下垫面信息的提取和模型计算结构的设计。本书也使用这种结构处理梅林流域的 DEM，并且土壤、植被、水力参数及水文参数的格式也同 DEM 分辨率保持一致。

手工数字化梅林流域 1∶10000 的地形图，并且通过对整个流域进行详细野外调查测得了 427 个高程点，综合这两个数据源，利用 ArcInfo 生成了流域地形的不规则三角网格网格，由此生成梅林流域的 DEM。考虑到对地形的描述能力及模型的计算要求，DEM 的分辨率为 5 m×5 m（图 2-3）。

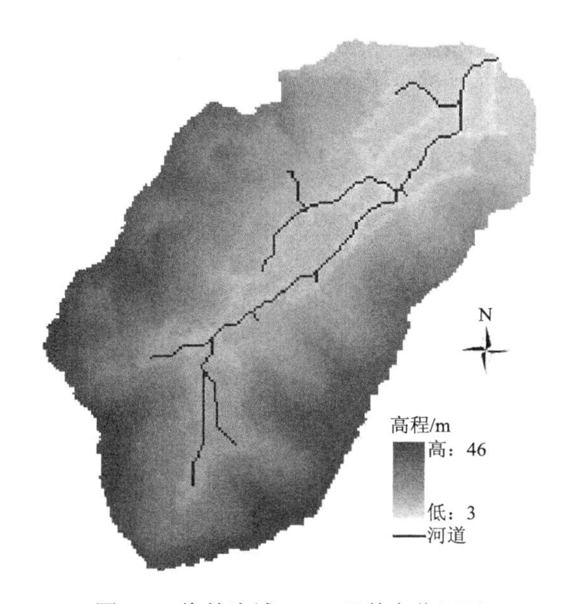

图 2-3 梅林流域 DEM 及数字化河网

2.5.3 流域特征获取

对于基于物理基础构建的分布式水文模型，流域特征信息的获取是得到模型计算参数、确定网格模拟顺序的重要环节。需要的流域特征信息包括流域地形特征、流域土壤特征、流域水力参数、流域土地利用等，这些信息同样是空间分布的，并且同 DEM 保持同样的分辨率，即 5 m×5 m，以便于模型的计算。

根据 DEM 进行流域地形特征的提取已是比较成熟的方法，在水文模拟中，提取的地形特征包括坡度、流向、汇流路径、生成河网与流域边界等[125]。由于使用栅格来划分流域，每个栅格利用采样获得的点高程值代表该栅格的高程，因此在采样中会造成一些伪峰和伪谷，通过 1∶10000 的地形图及野外观测高程点获得的梅林流域 DEM 并不能够直接使用，需要除去这些伪峰和伪谷，这样调整好的

DEM 才能用来提取流域地形特征[127]。

水流方向是分布式水文模型所需要的最基本和最重要的一个地形特征信息，确定汇流路径、河网、流域边界等都需要流向信息。D8 方法是最普遍的一种流向确定方法[128]，它按照最陡坡度原则确定栅格单元的水流方向，即比较某个网格与其周边 8 个网格间的高程落差，将高程下降最大的方向视为该网格的流向，并使用整数 1～8 分别代表 8 个水流方向（图 2-4），由于 DEM 在之前的步骤中已经调整过，因此每个网格都有确定的流向。根据网格单元高程值确定网格单元流向值的详细算例见图 2-5。

6	7	8
5		1
4	3	2

图 2-4　水流方向代码

76	72	69	71	58	49
74	67	56	49	46	50
69	53	44	37	38	48
64	56	55	22	31	24
68	61	47	21	16	19
74	53	34	12	11	12

（a）网格单元高程值

2	2	2	3	3	4
2	2	2	3	3	4
1	1	2	3	4	3
8	8	1	2	3	4
2	3	1	3	3	3
1	1	1	1	3	5

（b）网格单元流向值

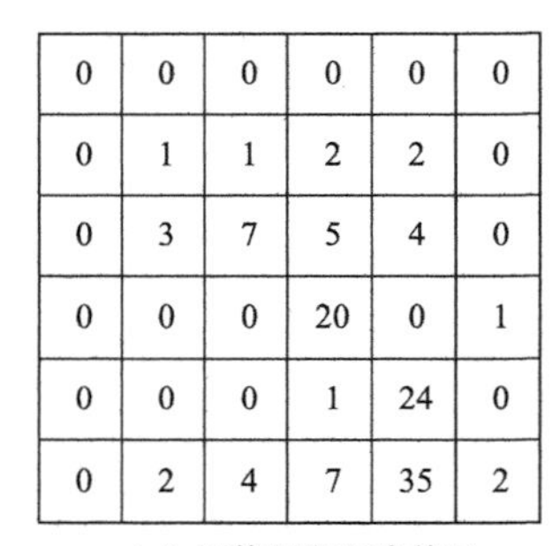

0	0	0	0	0	0
0	1	1	2	2	0
0	3	7	5	4	0
0	0	0	20	0	1
0	0	0	1	24	0
0	2	4	7	35	2

（c）网格累积汇流单元

图 2-5　网格地形特征提取

确定了水流方向之后，就能够比较容易地确定汇流路径，即每个网格单元的汇流网格数（图 2-5）。为了生成研究区域的流域边界（即分水线），首先需要确定流域或子流域的出口点，通常情况下，可能的出口点包括水文测站、监测点、河流交叉点及子流域出口。梅林流域面积不大，因此本书中不在梅林流域内再细分子流域，梅林流域的出口即设为水流流出点，计算该点接收的汇流面积，即为流域的汇流面积，该单元是整个流域内具有最大集水面积的网格。生成河网水系需要定义一个汇流网格数的临界值，这个临界值用于将汇流面积大的网格定义为河道，汇流面积小的网格定义为陆地，汇流网格临界值的选取是任意的，即汇流网格数在此临界值以上的网格定义为河道。设置不同的临界值，比较生成的河网与梅林流域实际的河网，最终得出当临界值取 1000，即汇流面积为 1000 个网格的面积时，生成的水系与流域内的实际水系基本一致。

同时对梅林流域内土地利用、植被覆盖及土壤情况也做了详尽的调查，并且利用数字化软件将其转化为模型可利用的栅格文件，栅格分辨率同 DEM 保持一致，为 5 m×5 m。表 2-1 为不同土地利用类型所占流域面积的百分比。

表 2-1　梅林流域不同土地利用类型所占流域面积的百分比　（单位：%）

项目	菜地	旱地	稻田	树林	竹林	板栗林	果园	草地	水体	住房
面积百分比	1.7	21.1	10.3	11.7	21.6	15.6	7.9	6.0	2.5	1.6

第3章　山丘区流域水文响应机理及定量化研究

太湖流域地处长江三角洲南缘，北滨长江，南濒钱塘江，东临东海。流域位于亚热带季风气候区，四季分明、降雨丰沛，是我国著名的江南水乡。太湖流域的地形、地貌、气候、水文特性决定了流域水资源丰富，地表水与地下水存在较强的水量交换。但是流域内经济的快速发展造成流域内需水量巨大，并且人类活动迅速改变着流域下垫面特征，造成水文响应规律的变化。

本书选择位于江苏省宜兴市的梅林流域进行野外观测实验，实验流域属于典型的太湖流域山丘区，有利于研究人类活动（农业活动）影响下流域水文响应规律。水流是污染物输移的媒介，本书还将在定量化研究流域水文响应机理的基础上定量化阐述流域的农业非点源污染物输移规律。本章主要研究该流域在降雨事件中的水文响应规律，并使用耦合水文模型系统来定量化描述流域水文响应。

3.1　流域水文响应机理研究

根据流域的土壤、地形地貌、土地利用、水文、气象数据分析流域的降雨产流机制是十分重要的，通过分析能够加深对各种水文过程的理解，并得到流域的水文响应机理，这对于正确构建流域水文响应的概念模型，最终形成具有物理机制的数值模拟方法具有重要意义。对梅林流域几种主要土地利用类型的土壤特性进行分析，结果见表3-1。

表3-1　梅林流域不同土地利用类型土壤特性

土地利用类型	土壤容重/（g/cm^3）	土壤总孔隙度/（cm^3/cm^3）	土壤粒径/%			
			<0.002 mm	0.002～0.05 mm	0.05～2 mm	>2 mm
菜地	1.36	0.487	4	67.9	26.1	2
稻田	1.18	0.555	6	76.3	17.7	0
旱地	1.23	0.536	5	91.5	2.5	1
板栗林	1.4	0.472	4.1	57.3	34.6	4
竹林	1.19	0.551	4.9	66.7	26.7	1.7
树林	1.18	0.555	5.2	70.6	21.6	2.6

梅林流域属于湿润地区，土壤含水量能够保持在较高水平，并且表层土壤下渗率较大。2006 年 6～8 月为梅林流域的多雨期，使用 FDR 在径流实验区内随机选择四个点测量表层土壤体积含水率，每日早中晚各测三组数据，由此得到每个径流实验区的日平均表层土壤体积含水率。为了方便比较，使用式（3-1）计算土壤百分比饱和度，得到不同土地利用类型土壤含水率的日变化（图 3-1）。

$$土壤百分比饱和度=\frac{\theta}{\phi}\times 100 \tag{3-1}$$

式中，θ 为体积含水率（cm^3/cm^3）；ϕ 为总孔隙度（cm^3/cm^3）。

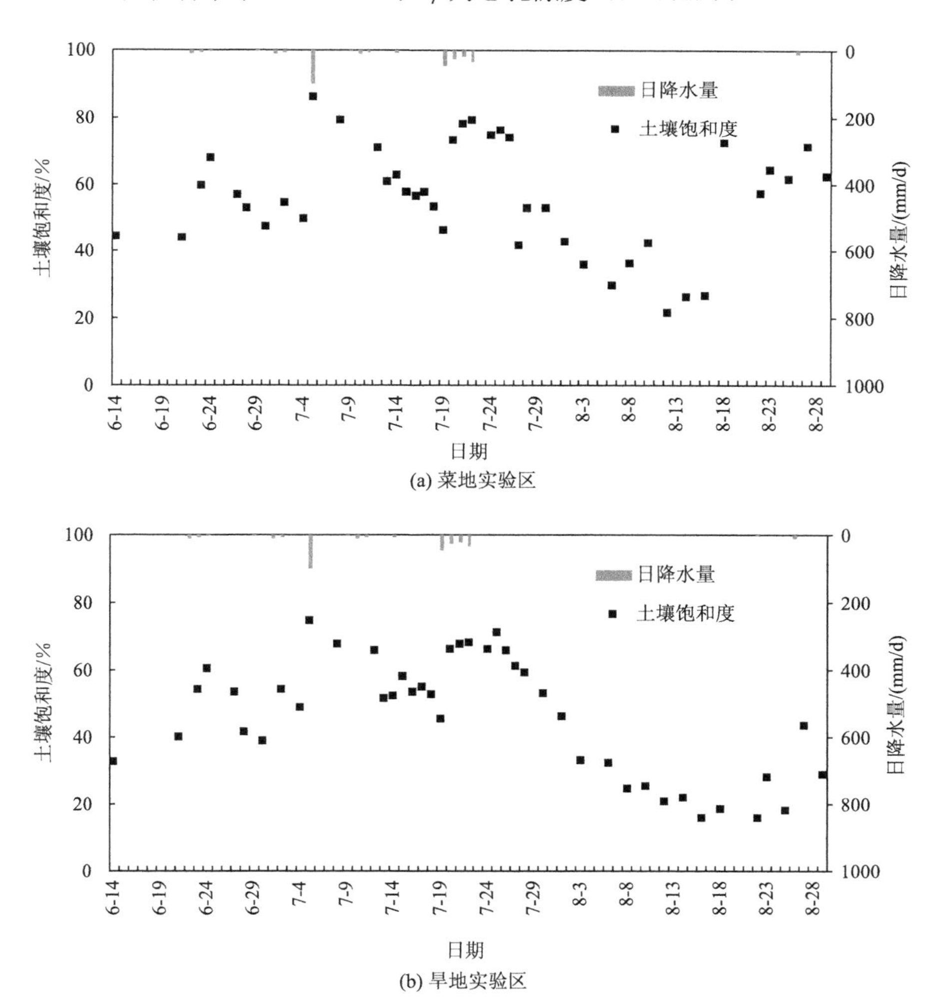

(a) 菜地实验区

(b) 旱地实验区

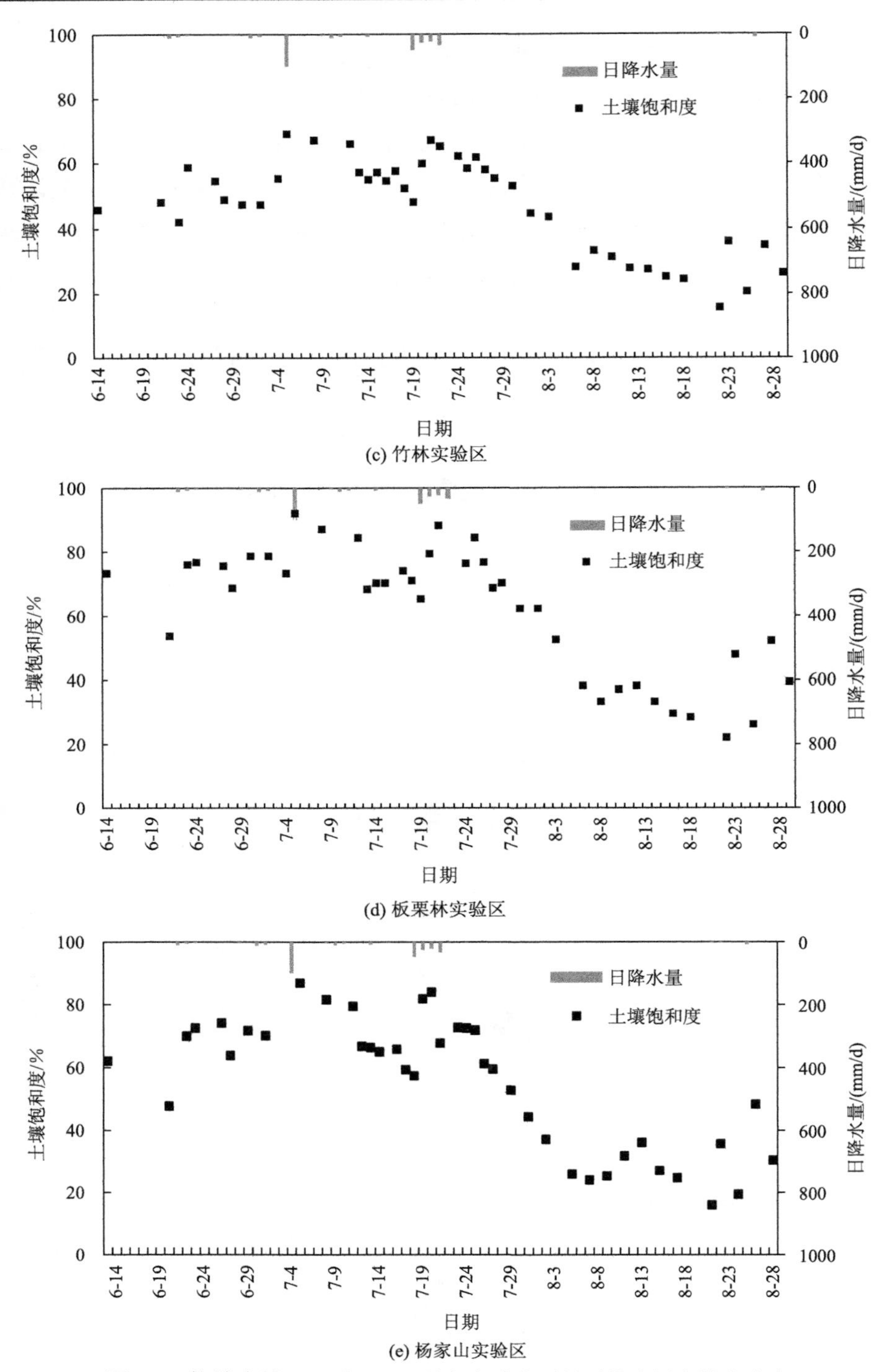

(c) 竹林实验区

(d) 板栗林实验区

(e) 杨家山实验区

图 3-1　梅林流域 2006 年 6～8 月各实验小区日平均表层土壤含水率

从图中可以看出梅林流域的表层土壤体积含水率在多雨期保持在较高水平，并且在降雨日土壤含水率明显增大。菜地实验区的土壤含水率除了受降雨影响外，还受到人工灌溉的影响，如 8 月 18 日土壤含水率的增大。而其他径流实验区则基本不需要人工灌溉，因此土壤含水率的变化过程主要受降雨支配。

图 3-2 为各地下水观测井在 5～9 月的日平均水位变化过程，虽然地下水的日平均水位存在缺测，但从图 3-2 中仍可以发现梅林流域地下水位的变化规律。位于菜地、板栗林、旱地、竹林、杨家山径流实验区附近的地下水观测井（以下简称菜井、板井、旱井、竹井、杨井）所在位置的地表高程分别为 5.7 m、13.95 m、9.79 m、15.68 m、16.97 m。受地形影响，菜井靠近流域出口，因此地下水埋深最浅，其次是旱井的地下水埋深，地下水埋深最深的是杨井。在图 3-2 所示的时段内，菜井处地下水位与地表的平均距离仅 20 cm，并且其地下水位较其他观测点的地下水位在观测过程中波动更频繁，但是地下水位的变动幅度不大。而旱井、板井、竹井、杨井处观测的地下水位受暴雨及连续降雨影响较大，如 7 月 5 日 100 mm 的降水使这几处的地下水位迅速上涨，7 月 19～22 日的连续降雨也使这几处的地下水位保持在较高水平，在雨量较小的降雨事件及无雨期地下水位虽有变化但是变化不大。

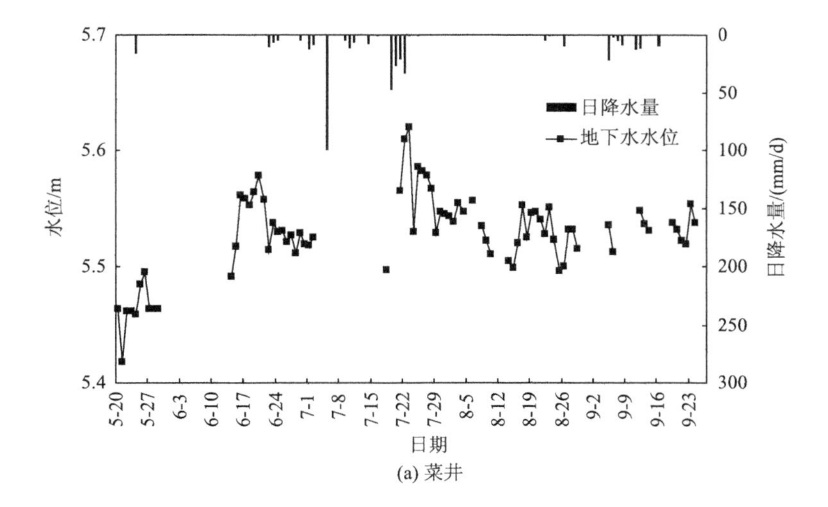

(a) 菜井

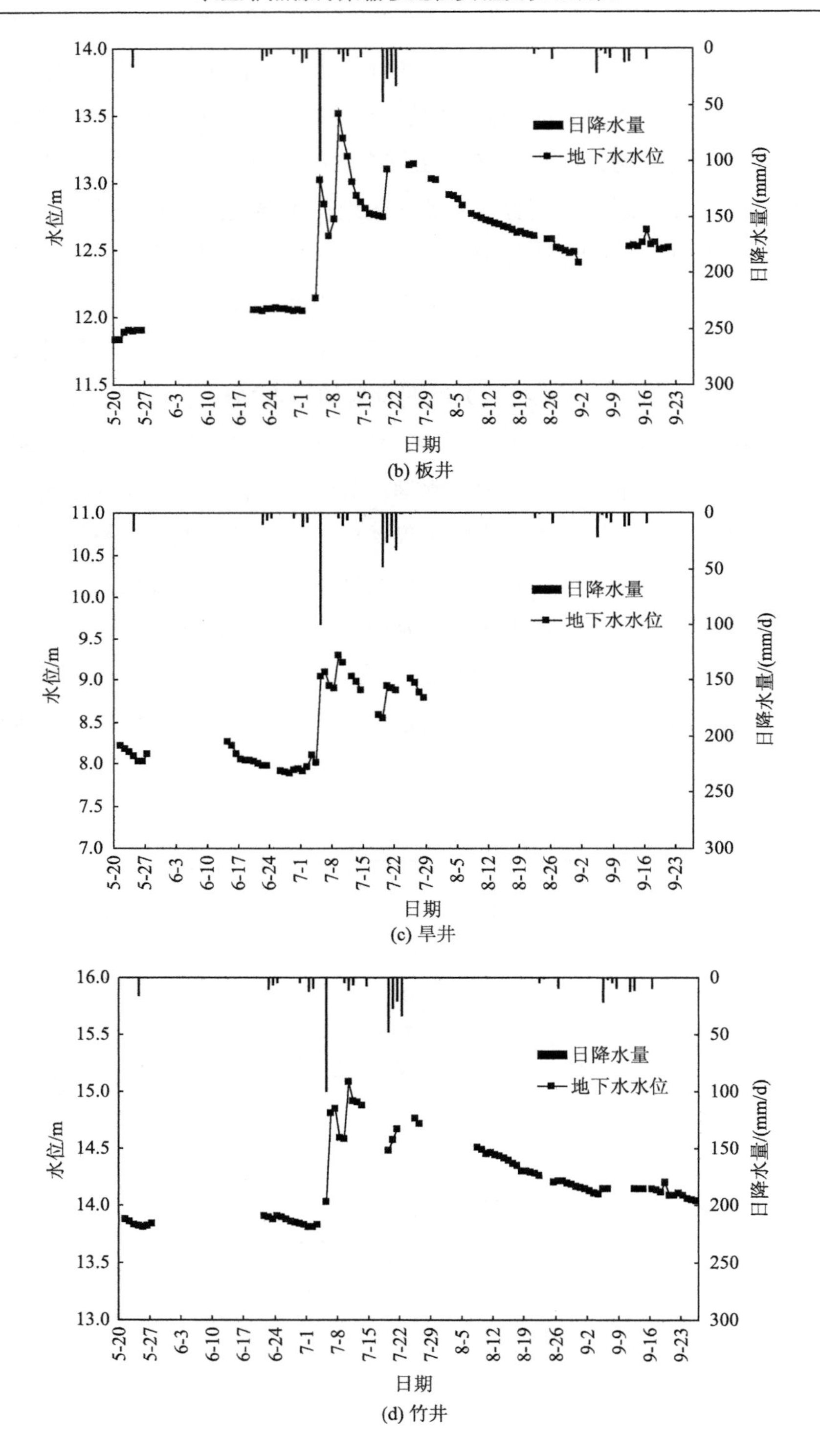

(b) 板井

(c) 旱井

(d) 竹井

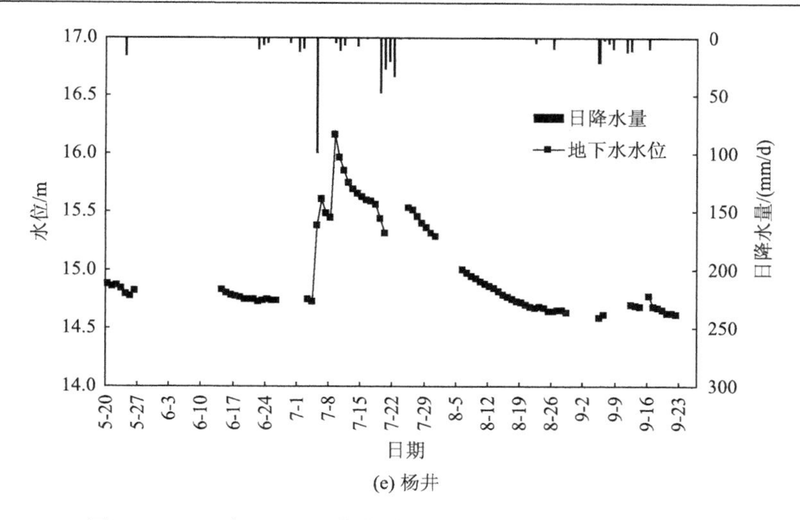

(e) 杨井

图 3-2　2006 年 5～9 月梅林流域各地下水观测井的地下水位

研究表明，地处湿润地区、雨量丰沛、植被茂盛的流域，主要产流方式为蓄满产流[129-132]。原因是这类流域的表层土壤具有较大的下渗率，而雨强一般很难超过表层土壤下渗率，因此降雨首先满足土壤缺水，当土壤达到田间持水量后，超过稳渗率的降雨形成饱和地表径流向流域出口汇集。另外，由于梅林流域属于湿润区，地下水位较高，在降雨事件中壤中流与地下水对出口流量也有很大贡献。

在梅林流域常常能观测到如图 3-3 所示的流量过程线，一个单峰的降雨过程产生两个洪峰，第一个峰陡涨陡落，水量来源主要是地表径流，即流域内降落到河道上的雨量及易饱和流域面积上产生的坡面流汇入河道后在流域出口产生的流

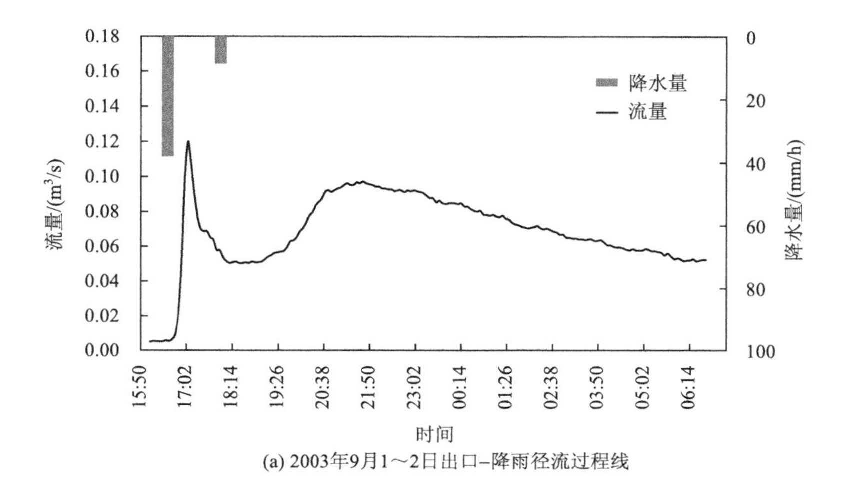

(a) 2003年9月1～2日出口–降雨径流过程线

(b) 2003年9月8～9日出口–降雨径流过程线

图 3-3 梅林流域观测流量过程线一

量响应。第二个峰相对第一个峰洪峰流量小，但是洪水总量却比第一个峰多，主要由于流域内饱和带面积扩张，产流面积扩大，壤中流或地下水流对出口流量的贡献所致[3]。梅林流域面积较小，产生的地表径流能够较快地向流域出口汇集，因此容易产生两个明显的洪峰。若流域面积较大，流域对水流的调蓄作用会使流域出口流量过程线没有这样两个特征明显的峰。

流量过程线的形状受降雨时程分布影响较大，当降雨不是简单的单峰分布时（图 3-4），流量过程线的形状随着降雨过程不同而不同。如图 3-4（a）所示，2004 年 6 月 23～25 日的降雨事件（040623），降雨过程包含多个峰值，前两个雨强较大、雨量较集中的降雨段并没有产生本次降雨事件最大的流量响应，它们的作用使得流域中的饱和产流面积扩张，因此在之后的降雨过程中，虽然雨强和雨量都不及这两个时段的雨强和雨量大，但流量响应却很明显。如图 3-4（b）所示，2003 年 10 月 12～13 日的降雨事件（031012），降雨历时较长，并且包括了一个单峰，在这个降雨时段内的雨强数倍于其他时段雨强，但是由于自降雨开始有较长时段的低强度降雨，这些雨量产生的地表径流量很微小，不足以造成出口流量的强烈响应，但土壤缺水量却因为这些雨量得到补充，流域内的饱和带面积不断扩张，因此之后的高强度降雨形成了较大的流量响应。分析流域出口的流量过程线，可以看出这次降雨事件形成的单峰流量过程涨水段与退水段均较缓，这与降雨峰值前的长历时低强度降雨过程是分不开的，这部分雨量扩大了流域中的饱和产流面积，因此当高强度降雨来临，这些面积上均产生地表径流，并源源不断地向邻近河道汇集，在河道内继续向出口汇集，同时降雨产生的壤中流也不断向出口汇集，导致出口流量过程线的涨水段与落水段均较缓，并且退水段的流量明显比涨水段的起始流量大得多。如图 3-4（c）所示，2006 年 7 月 4～5 日降雨事件（060704）的雨量过程与图 3-4（b）降雨事件相似，因此产生的流域水文响应过程也相近。不同的是，031012 降雨事件的降雨总量为 36.3 mm、最大雨强为 6 mm/5min，而 060704 降雨事件的降雨总量为 100 mm、最大雨强为 17 mm/10 min。060704 降雨事件为 2006 年雨量最大的一场降雨，由于 6 月下旬的降雨较为频繁，流域土壤含水量较高，并且流域出口的流量一直保持在高位，相对于 031012 降雨事件的雨前出口流量 0.00395 m^3/s，060704 降雨事件的雨前出口流量达到 0.00679 m^3/s。这两场降雨事件的流量峰值也有较大差别，031012 降雨事件的洪峰流量为 0.0215 m^3/s，而 060704 降雨事件的洪峰流量为 1.02 m^3/s。分析这两场降雨的出口流量过程线，060704 降雨事件的流量过程线较为“尖瘦”，流量起涨段较陡、落水段较缓，在 7 月 5 日 5：30 左右雨强、雨量较大，出口流量快速增大，这部分高强度的降雨不仅使流域中易饱和的面积上产生地表径流，同时有可能导致超渗地表径流量的比例也大大增加。在 7 月 5 日 4：30 至 8：30 的 4 个小时内降水量超过 80 mm，短历时高强度的降雨使得基于蓄满机制和超渗机制产生的地表径流迅速通过坡面汇流与河道汇流汇集至出口断面，形成出口流量的激增。接下来，随着地表径流的汇流，壤中流和地下水也不断向出口汇集，形成了流量过程线较缓的退水段。

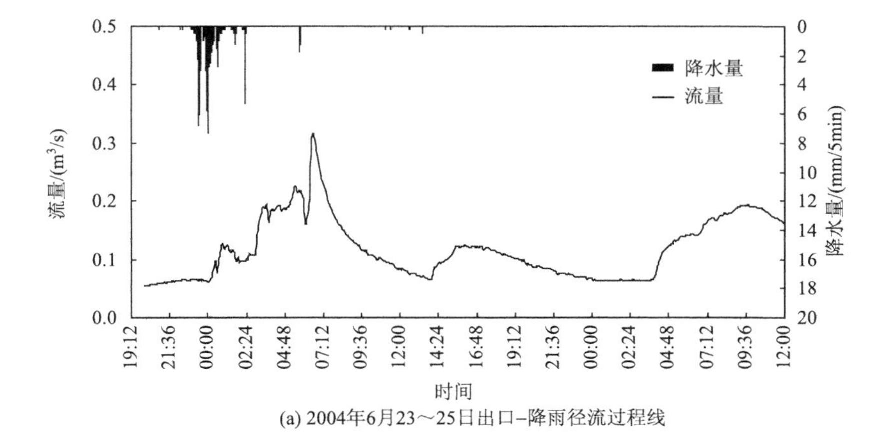

(a) 2004年6月23～25日出口–降雨径流过程线

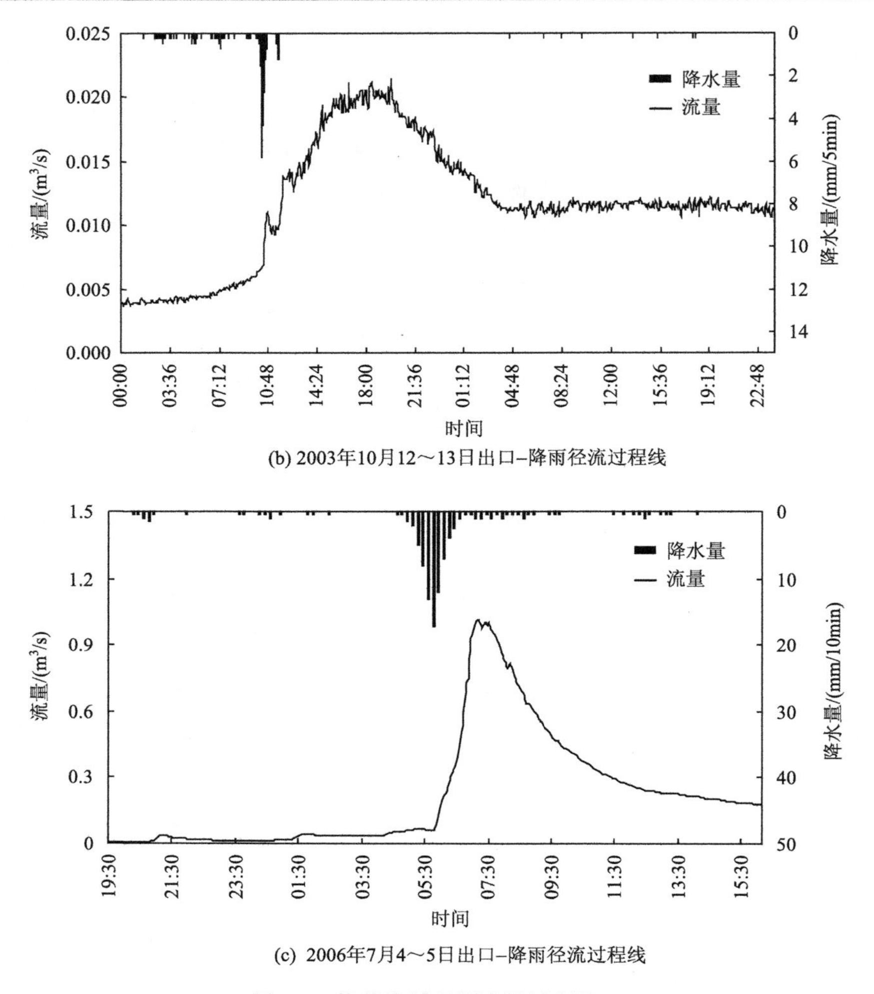

(b) 2003年10月12～13日出口–降雨径流过程线

(c) 2006年7月4～5日出口–降雨径流过程线

图 3-4　梅林流域观测流量过程线二

通过对梅林流域水文过程的分析，可以得到流域的基本产流机制。梅林流域的土壤含水率常年保持在较高水平，特别是雨季，地下水位较高，一些靠近河道或者流域内的低洼处，其地下水位接近地表，在降雨事件中土壤含水量容易达到田间持水量，从而能够产生饱和地表径流，这部分面积是组成出口流量地表径流的主要贡献面积。在降雨过程中，饱和带的面积随着降雨的持续向周边扩展，饱和产流面积的扩张造成的地表产流是梅林流域地表径流产生的主要方式。

3.2　分布式耦合水文模型的建立

水文响应具有很强的时空变异性，对降雨、土壤、植被、地形等参数的空间变化十分敏感，为了加深对水文物理机制的理解和获得水文响应的时空分布信息，分布式水文模型得到越来越广泛的应用。本书使用的分布式耦合水文模型系统遵循以下的结构：采用矩形网格划分流域；当降雨事件发生时，扣除蒸发的降水量称为有效降雨，降落在河流网格上的有效降雨即成为河道内的径流量，而在某一时刻降落在某陆地网格上的有效降雨与上一时刻从周围网格汇流到这一网格的水量之和首先满足下渗，下渗后的剩余水量成为地表径流，并在这一时刻向其他网格汇集；下渗进入土壤的水分，继续向下入渗，入渗至地下水潜水位的水流成为地下水的补给[133-136]。以下对各部分的计算原理进行详细的介绍。

3.2.1　降雨下渗模拟

降雨下渗模块中有两种模式计算降雨下渗量，其一是 SCS 曲线数方法，另一种为更具物理机制的 Green-Ampt 方法。

SCS 曲线数方法[137,138]的计算原理比较简单，需要的数据及参数的计算均比较容易，这一方法在世界范围内都有广泛的应用。SCS 曲线数方法的另一个优点是很容易嵌入地理信息系统（GIS）中，使用空间分布的参数进行模拟，并且能够方便地应用到不同尺度的流域模拟中。SCS 曲线数方法有如下假设：

$$\frac{F}{S}=\frac{Q}{P-I_{\mathrm{a}}} \tag{3-2}$$

式中，F 为实际持水量(mm)；S 为持水能力(mm)；Q 为产生的地表径流量(mm)；P 为降水量（mm）；I_{a} 为初始截留量（mm）。

地表最大持水量 S 的计算公式为

$$S=\frac{1000}{\mathrm{CN}}-10 \tag{3-3}$$

式中，CN 为经验参数，称为曲线数（curve number），该参数综合了土壤特性、地表覆盖和初始土壤含水率三方面的信息，初始土壤含水条件有Ⅰ、Ⅱ、Ⅲ三种方案，分别表示干旱、适中和湿润的初始土壤含水条件。不同的土壤、不同的土地利用方式、不同的土壤含水状况对应着不同的 CN 值。

传统 SCS 曲线数方法中的 CN 值不能反映季节性植被变化对水文响应的影响，本书针对这一不足做了改进，使得不同季节的植被变化都能够反映在 CN 值上。

同 SCS 曲线数方法相比，Green-Ampt 方法是基于达西定律发展起来的[139]，代表了土壤中水分垂向下渗的物理过程，如下：

$$f = f\left(t\right) = \frac{\mathrm{d}E}{\mathrm{d}t} = K\left(1 + \frac{RM}{E}\right) \tag{3-4}$$

式中，f 为下渗能力（mm/min）；K 为饱和渗透系数（mm/min）；R 为土壤湿润前后毛管压力差（mm）；M 为土壤湿润前后土壤含水率差；E 为累积下渗量（mm）。

Green-Ampt 方法根据每个时间步长植物截留及扣除蒸散发后的有效降雨强度（I）、饱和渗透系数（K）和下渗能力（f）来计算每个时间步长、每个栅格内的实际下渗量，其中每个栅格、每个时间步长内的下渗能力是根据该栅格、该时间步长内的土壤饱和渗透系数、毛管压力、土壤含水率和累积下渗量计算得到的。另外，Green-Ampt 方法采用隐式方程求解降雨下渗过程，因此需要使用迭代算法来求解方程。

3.2.2　汇流过程模拟

汇流过程又可分为坡面汇流和河网汇流。降雨在陆面产生的径流向河流的汇集过程称为坡面汇流，河道中的水流沿河流向下游的运动过程称为河网汇流。

将坡面流看作是有特定流动方向的动力波，采用动力波方法来求解坡面汇流问题。动力波方法假设摩阻比降与河底坡降相同，考虑重力和剪切力，忽略局部加速度、对流加速度及静水压力[140,141]。联立求解连续方程（3-5）与流量水深关系式（3-6）：

$$\frac{\partial Y}{\partial t} + \frac{\partial q}{\partial x} = i_{\mathrm{e}} \tag{3-5}$$

$$q = \alpha Y^{m} \tag{3-6}$$

式中，x 为沿坡面方向；t 为时间；$q = q(x,t)$ 为坡面流单宽流量；$Y = Y(x,t)$ 为坡面流水深；i_{e} 为有效降雨强度；α 为输水能力；m 为地表糙率。

采用马斯京根-康吉算法计算河道汇流过程，这一方法适合在分布式模拟中使用，主要因为分布式模型中每个栅格、每个计算步长都能够使用不同的计算参数[142-144]。

因此，马斯京根-康吉方法求解 j+1 断面在 n+1 时刻的出流量公式为

$$Q_{(n+1,\,j+1)} = C_1 Q_{(n,j)} + C_2 Q_{(n+1,j)} + C_3 Q_{(n,j+1)} + C_4 Q_{\text{lat}} \tag{3-7}$$

式中，C_1、C_2、C_3和 C_4为计算参数；Q_{lat}为旁侧入流。

3.2.3　非饱和土壤水分运动模拟

使用一维偏微分方程描述非饱和土壤水垂直运动规律，在模拟中包气带可以分为多层[145,146]，表达式如下：

$$\frac{\partial \theta(z,t)}{\partial t} = \frac{\partial q(z,t)}{\partial z} + S(z,t) \tag{3-8}$$

式中，θ为土壤体积含水率；t为时间；z为土壤层深度；q为土壤水垂向通量；S为源汇项，代表输入和输出的水分通量。源汇项包括下渗水量与蒸散发水量，蒸散发量使用 Penman-Monteith 方程[147]计算。

3.2.4　地下水运动模拟

使用以下形式的二元偏微分方程来描述非稳态的二维潜水运动[148,149]：

$$\frac{\partial}{\partial x}\left(K'\frac{\partial H}{\partial x}\right) + \frac{\partial}{\partial y}\left(K'\frac{\partial H}{\partial y}\right) = S\frac{\partial H}{\partial t} + Q_{\text{net}} \tag{3-9}$$

式中，$K' = KD$为导水系数，K 为渗透系数，D为含水层厚度；H为水头；S为贮水系数；t为时间；Q_{net}为单位面积地下水源汇项，包括由下渗补充的地下水量、潜水的蒸发、地下水的抽水量及其他的补给或损失量。

3.2.5　河水-地下水水量交换模拟

大多数水文模型在对水文过程进行模拟时，将地下水系统与地表水系统概化成独立的两个系统，忽略了它们之间的水量交换过程，这样做虽然简化了计算，却削弱了模型反映真实物理过程的能力。在本书中，利用达西定律来描述河流与地下水之间的水量交换过程[150,151]：

$$q_{\text{c}} = C_{\text{d}}\frac{\partial H}{\partial l} = C_{\text{d}}\frac{H_{i,j} - (B_{i,j} + d_{i,j})}{\Delta l} \tag{3-10}$$

式中，q_{c}为河流与地下水系统通过河床弱渗透层的交换水量；l为渗透路径长度；C_{d}为河床弱渗透层的渗透系数；$H_{i,j}$为地下水水位；$B_{i,j}$为河床高程；$d_{i,j}$为河流水深。

3.3 流域分布式水文模拟

3.3.1 分布式耦合水文模型系统在梅林流域的率定

由于使用分布式模型对水文过程模拟的复杂性，严格的对模型进行率定就变得更加重要。试错法是率定模型最常用的方法，本书所遵循的方法就属于试错法。本书中模型率定着重于水力参数的估算，目标函数主要为出口流量系列的拟合度，即使得实测值与模拟值达到最好的拟合。通过在水力参数取值范围内调整其数值来优化模拟值与实测值的拟合，根据流量的实测值与模拟值拟合最优来率定模型。

根据梅林流域不同年份、不同季节实测的降雨径流过程，对分布式耦合水文模型系统进行率定，选取的时间步长与空间步长均较细，梅林流域划分的计算栅格单元为 5 m×5 m，时间步长为 5 min。梅林流域的资料较全，因此使用更具有物理机制的 Green-Ampt 方法，饱和渗透系数取值见表 3-2。图 3-5 为率定模型时使用的四场降雨径流事件，从率定结果来看，模拟的流量过程线与实测流量过程对应较好，说明模型能够模拟梅林流域不同形式降雨、不同季节下的水文响应过程。

表 3-2 梅林流域不同土地利用类型的饱和渗透系数取值 （单位：mm/h）

项目	山林	竹林	稻田	果园	板栗林	旱地	茶园	菜地	草地
K	7	6	3	5	5	4	5	3	4

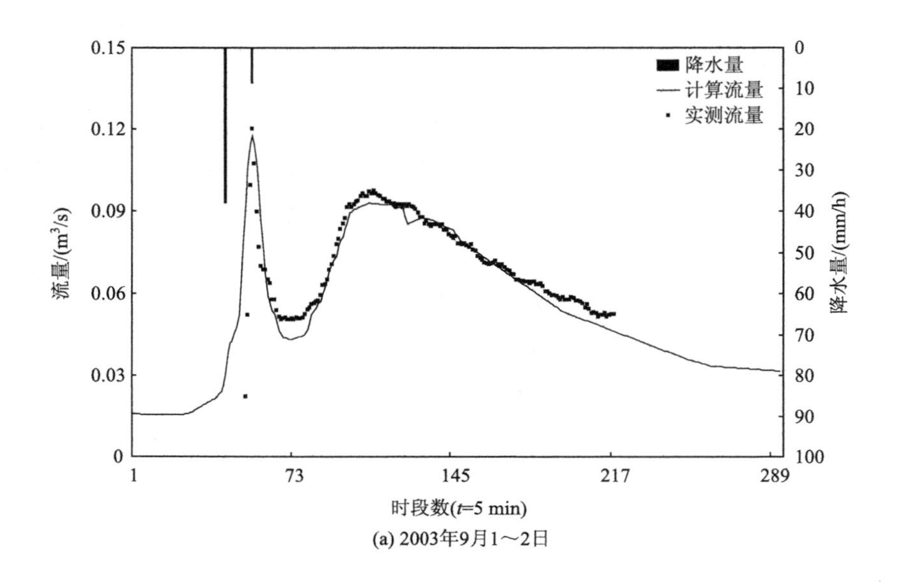

(a) 2003年9月1～2日

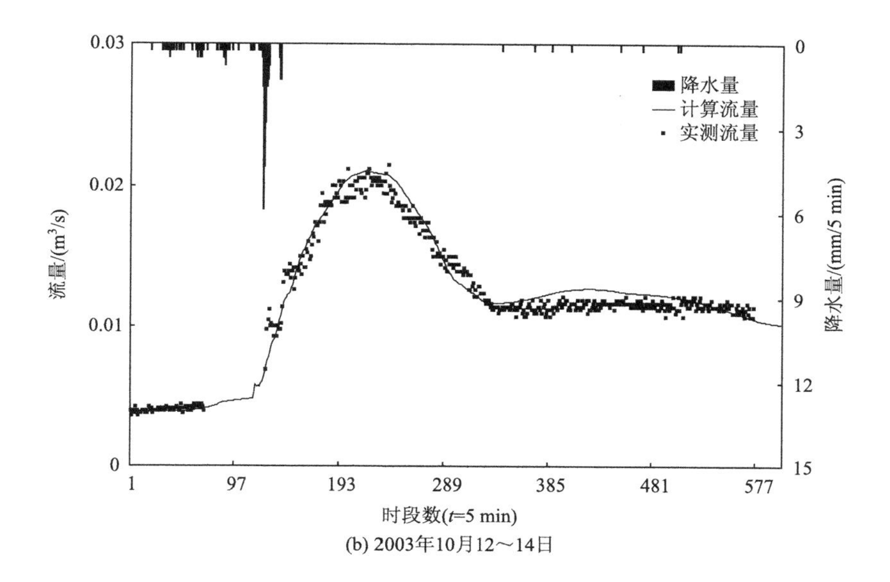

(b) 2003年10月12～14日

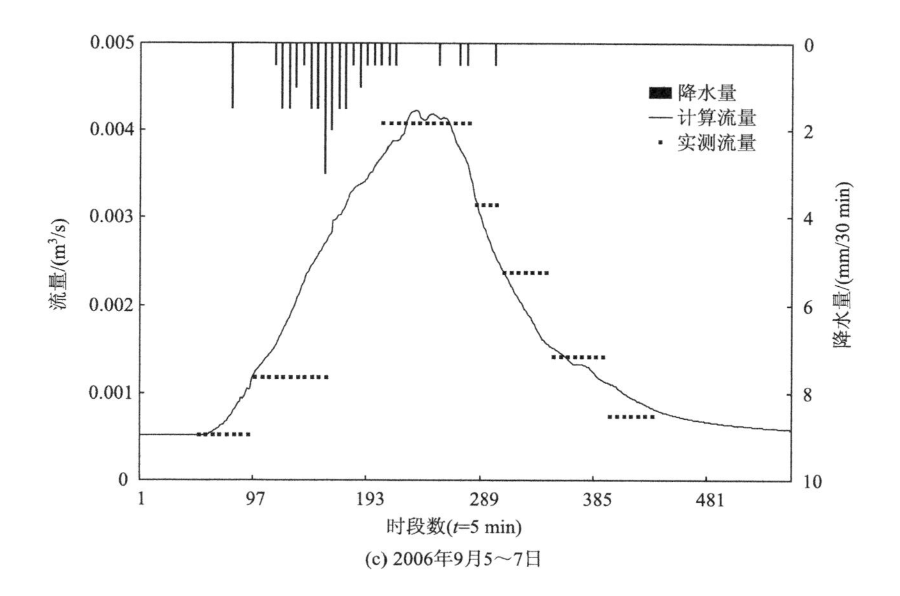

(c) 2006年9月5～7日

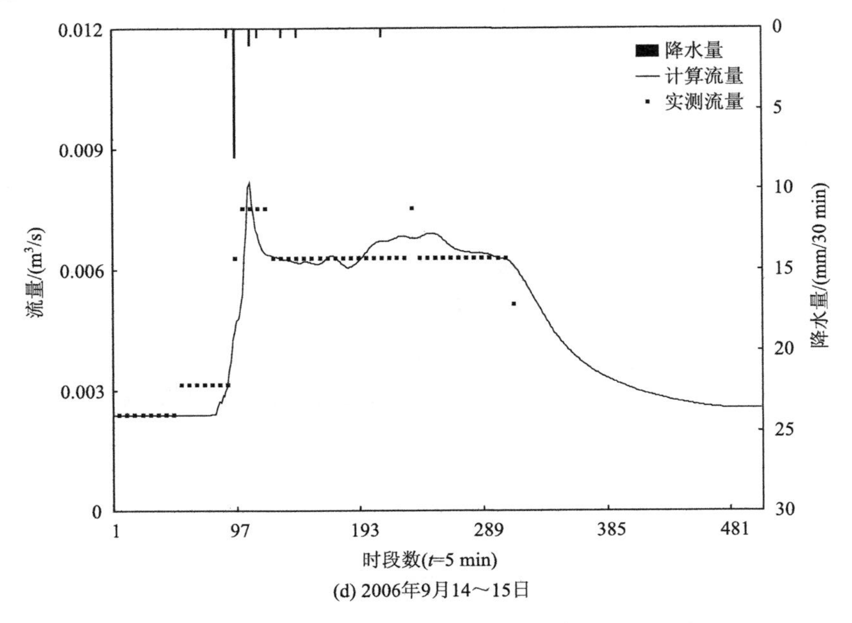

(d) 2006年9月14～15日

图 3-5　分布式耦合水文模型系统在梅林流域的率定结果

3.3.2　分布式耦合水文模型系统在梅林流域的验证

分布式耦合水文模型系统通过在梅林流域的率定，得到了适用于梅林流域的一套模拟参数。使用率定好的模型对梅林流域的降雨事件进行了模拟，梅林流域的栅格分辨率保持在 5 m×5 m，所有的输入输出数据集都统一使用这一分辨率，模拟时间步长仍设为 5 min。图 3-6 为几场降雨事件的模拟结果，从模拟流量与实测流量的对比来看，虽然模拟精度达不到率定模型时的精度，但是对于流量的起涨、洪峰、退水均能较准确地模拟。图 3-6(a)为 2003 年 8 月 28～29 日降雨(030828)流量过程的模拟，对第一段降雨产生的流量过程模拟得较为准确，但是没能精确模拟出第二段降雨产生的洪峰。图 3-6(b)为 2004 年 6 月 23～25 日降雨(040623)流量过程的模拟，由于包含多个高强度降雨时段，梅林流域出口的流量过程线呈现较为复杂的形式，模型模拟出了流量过程涨水段的流量变化趋势，对于主峰的峰时和峰量的模拟很准确，但是没有能够模拟出实测流量过程所示的涨水段流量细微的起伏过程。对于出现在主峰之后的第二个洪峰和第三个洪峰的起涨段与落水段的模拟与实测过程有些差异，对于第二个峰的洪峰流量模拟得较准确，但是低估了第三个峰的流量峰值。图 3-6（c）为 2005 年 7 月 5～6 日降雨（050705）

流量过程的模拟，模拟流量过程与实测流量拟合很好，对于流量的峰值与涨水段和退水段均有准确的预测。图 3-6（d）为 2006 年 7 月 4～5 日降雨（060704）流量过程的模拟，在涨水段存在流量的高估、落水段存在流量的低估，在其他部分则对流量过程做出了较为精确的模拟。图 3-6（e）为 2006 年 9 月 30～10 月 3 日降雨（060930）流量过程的模拟，由于这次降雨事件的总降水量较小，共 19.5 mm，并且降雨分布较为均匀，不存在较突出的雨量峰值，从观测流量上可以看出，出口流量的变化很小，模拟的流量过程线较为准确地反映了流量的变化趋势。综合以上的分析，分布式耦合水文模型系统能够描述梅林流域的水文过程，尤其是对于降雨过程单峰分布的流量过程模拟得较为精确，当降雨事件分为几个雨量峰值时，能够模拟各段降雨产生的流量过程变化趋势，但是对于这种复杂降雨过程第二段雨量与第三段雨量产生的水文响应过程的模拟不如对单峰雨量过程水文响应模拟的那么精确。综合分析产生流量模拟误差的主要原因有以下几个：第一，有些场次的降雨数据为小时雨量，雨量数据的时间尺度较大，用这样的雨量资料计算流量会存在误差[图 3-6（a）]；第二，分布式耦合水文模型系统中使用的降雨产流计算方法——Green-Ampt 方法能够显式地模拟超渗产流，同时隐式地表达了蓄满产流的机制，梅林流域主要的产流机制为蓄满产流，并且在降雨过程中饱和带面积不断变化，这一机制未能在其实际的时空尺度下在模型中得到反映；第三，

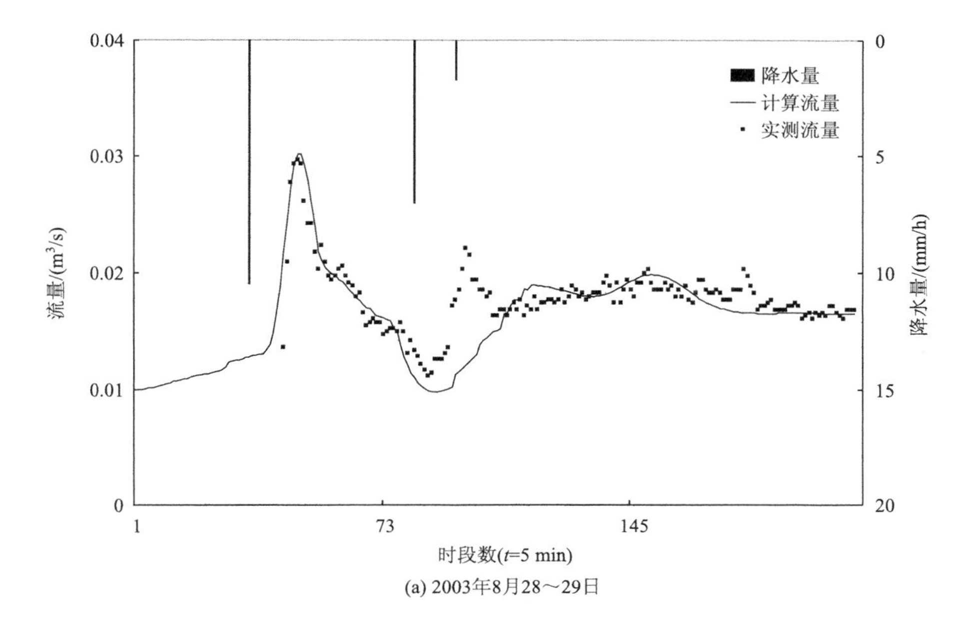

(a) 2003年8月28～29日

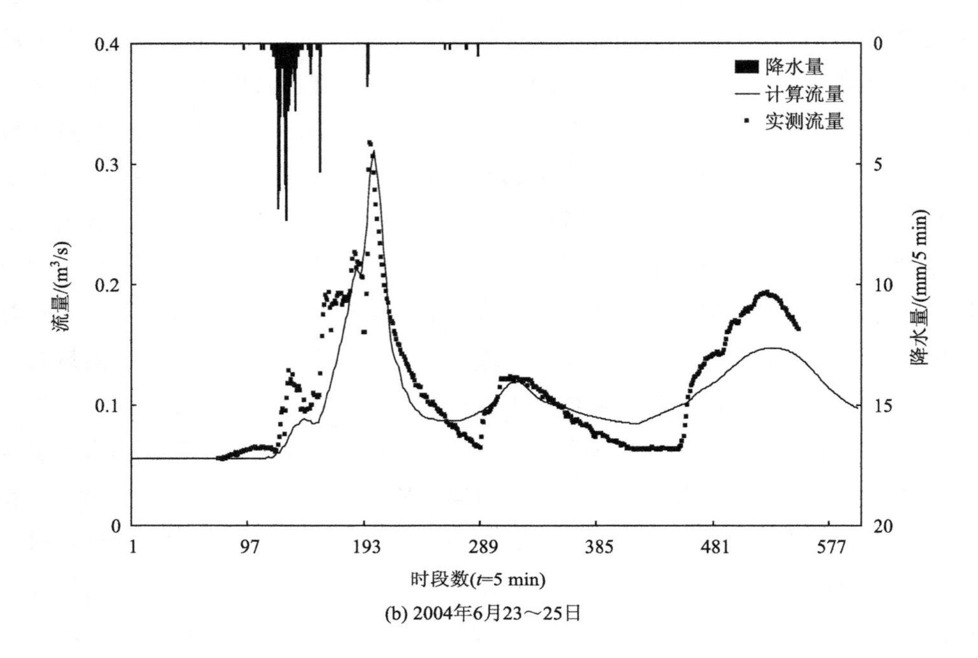

(b) 2004年6月23～25日

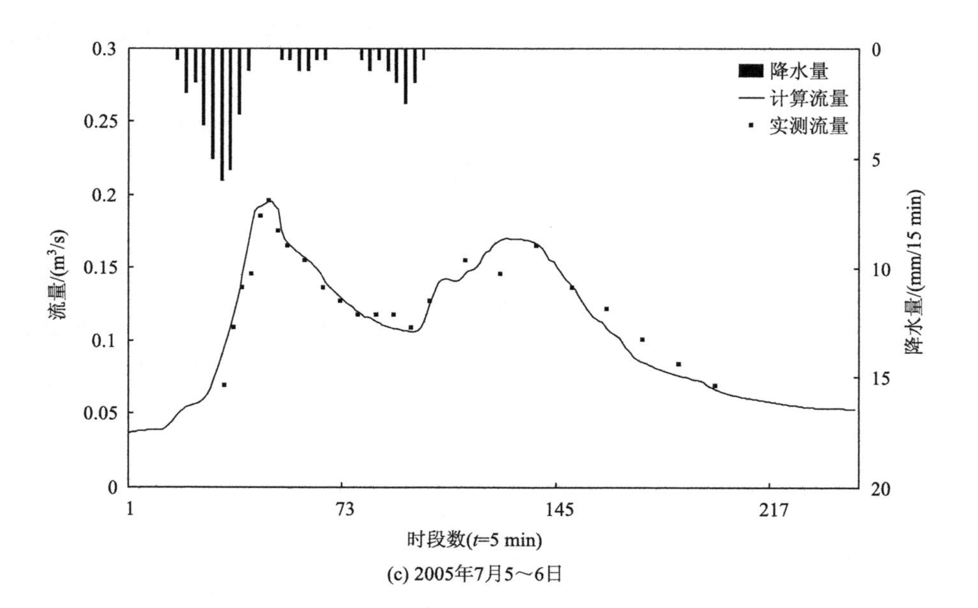

(c) 2005年7月5～6日

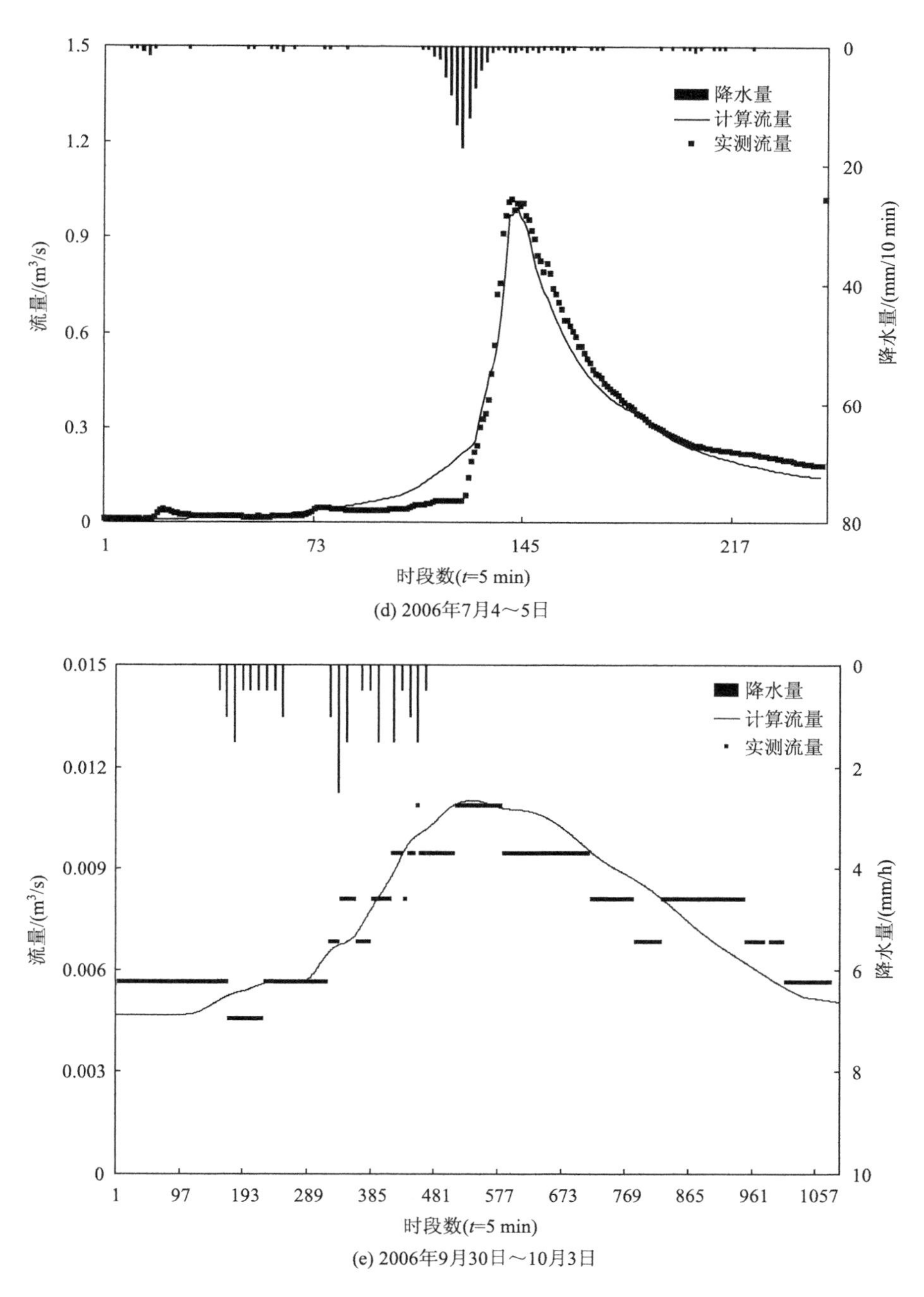

(d) 2006年7月4～5日

(e) 2006年9月30日～10月3日

图 3-6　梅林流域实测与模拟流量过程线

模型中各模块的计算方法都包含了一些假设条件（见第 2 章），而在实际的水文响应过程中，这些假设的理想状态是不存在的，这也给模拟带来了误差；第四，在设定每一个网格的饱和渗透系数时，采用的方法是选取流域内几种典型植被覆盖的土壤，通过实验得到其饱和渗透系数，然后将测得的饱和渗透系数假设为该种植被覆盖下土壤的平均渗透系数，而实际情况下，土壤饱和渗透系数的空间变异性很大；第五，实测流量也会存在观测误差。

3.3.3　不同产流模式对水文响应结果的影响

分布式耦合水文模型系统在降雨下渗模拟中包含两种计算模式，一种为 SCS 曲线数方法，另一种为 Green-Ampt 方法，这两种方法都是如今在划分降雨径流量与下渗量研究中比较成熟、比较常用的方法。SCS 曲线数方法需要的流域资料较少，只需要知道流域的土地覆盖、土壤透水特性，即可经验性地确定模型参数 CN 值，并且方法结构较为简单。而 Green-Ampt 方法是根据达西定律发展而来的，该方法具有一定的物理基础，对于资料的要求也较高，需要获得流域的土壤资料与土壤水力特性，由此计算地表径流量与下渗量。Green-Ampt 方法能够考虑由于降雨强度变化形成的地表有积水与地表无积水两种状态下的下渗量计算。但是对于流域面积较小的流域，划分流域的栅格单元分辨率较为精细时，Green-Ampt 方法的物理意义就能够体现出优势。本书在耦合水文模型系统中分别使用两种产流计算模式，并对梅林流域的水文响应进行了模拟。

图 3-7 为梅林流域 060911 降雨事件的流量模拟结果，在模拟中分别采用了 SCS 曲线数方法与 Green-Ampt 方法。SCS 曲线数方法需要确定初始土壤含水条件，在模拟中设为适中含水条件，模型模拟实验也表明设为适中含水条件的模拟结果是最为准确的。该次降雨事件降水量为 24 mm，不属于暴雨，降雨的时间分布也较为均匀，相对高强度降雨没有明显集中在某些时段，因此由实测流量点可以看出，流域出口流量过程线涨落均较缓，并且受测量仪器精度的影响，流量成阶梯状变化，模型较好地模拟了本次降雨事件的水文响应过程。由图可以看出，选用 Green-Ampt 方法比选用 SCS 曲线数方法模拟的流量过程线更精确一些，涨水段与落水段两种方法的模拟结果相差不大，但是对于峰值的模拟，Green-Ampt 方法要优于 SCS 曲线数方法，后者低估了流量峰值，并且模拟峰值出现的时间也比实际峰值出现时间略早。对于面积较小的梅林流域，由于网格较为精细，在资料满足条件的前提下，更具物理机制的 Green-Ampt 方法在模拟降雨下渗量方面

是具有优势的。因此，对梅林流域降雨事件水文响应的模拟均选用 Green-Ampt 方法进行降雨下渗计算。

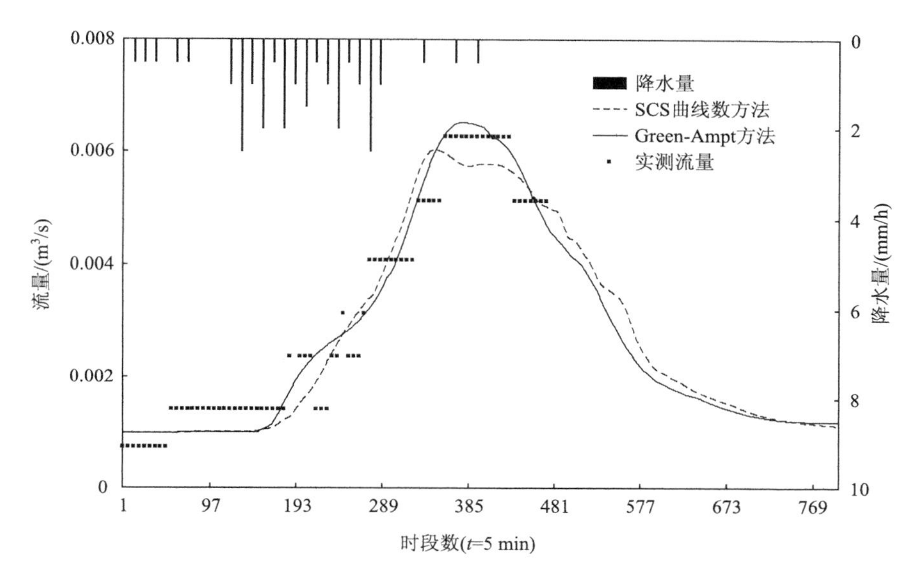

图 3-7 梅林流域 2006 年 9 月 11～14 日降雨事件观测与模拟流量过程线

3.3.4 参数空间变异性对水文响应模拟的影响

水文响应系统属于非线性物理系统，水文响应也属于非线性响应，因此当参数的时空分辨率不同时会对模型模拟结果产生影响[5,152]。本书的分布式耦合水文模型系统中一些参数具有很强的空间变异性，比如 CN 值、土壤渗透系数等[20,134]。CN 值是根据土地利用数据使用经验方法估算的，同样的土地利用方式在模型中赋以同一值，用来代表这种土地利用方式在平均状况下的产流能力。土壤饱和渗透系数（K）更是如此，即使在 5 m×5 m 的网格内 K 也具有较强的时空变异性，在模拟梅林流域水文响应时，这些参数的时空变异性被弱化了。以下将研究参数（主要考虑 K 值与 CN 值）的空间变化对梅林流域模拟水文响应过程的影响。

对梅林流域几种典型的土地利用类型，包括菜地、稻田、旱地、板栗林、竹林、树林，分析土壤粒径、土壤饱和渗透系数、含水率、干密度、湿密度等。对于土壤饱和渗透系数，将实验获取的参数平均值分配到相应的土地利用区域，并结合实验结果与相关文献[128,153,154]确定流域内其他区域的渗透系数。通常每个区域使用一个统一的平均渗透系数。然而，由于区域内的地形、地貌、植被、土壤紧实度等都能引起水力参数的变化，所以渗透系数的空间异质是十分强的。只是实验条件不允许测量很细致的渗透系数，因此根据 Cosby 等对各种土壤的这种异质性做的统计分析[155]，基于各种土壤类型渗透系数的平均值和标准差[156,157]，使用随机标准正态分布来计算渗透系数的空间分布，则某栅格单元随机的饱和渗透系数（K）用下式计算：

$$Y=\lg K\;;\qquad Y=\overline{Y}+\mathrm{Sd}\times N \tag{3-11}$$

式中，$\overline{Y}$ 为平均值；Sd 为标准差；N 为随机标准正态差值。

使用上述方法产生每个网格单元的渗透系数取值，并认为这种随机方法计算的渗透系数能够表示该参数的空间变化，再分别用区域一致的渗透系数（Uniform K）和空间分布的渗透系数（Random K）模拟梅林流域水文响应，结果如图 3-8 所示。

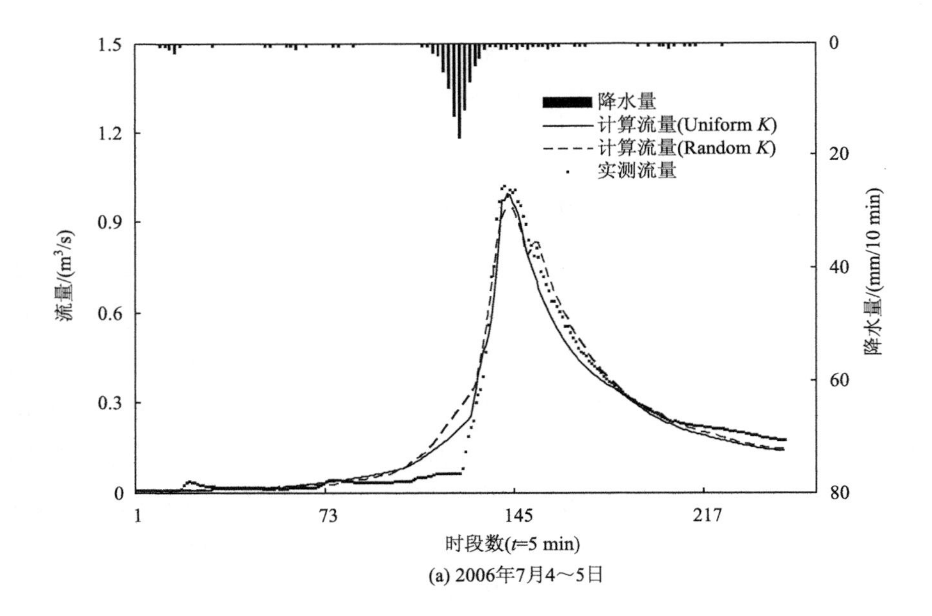

(a) 2006年7月4～5日

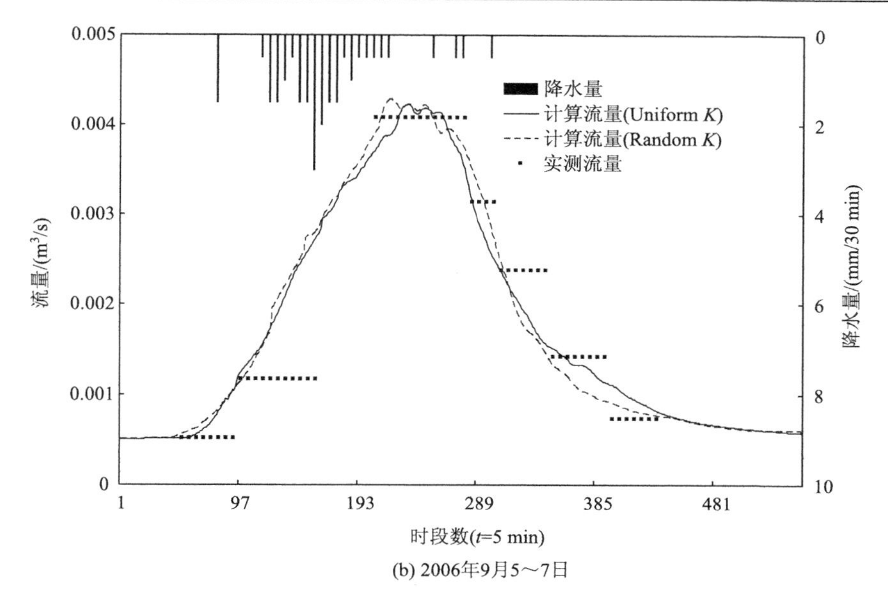

(b) 2006年9月5～7日

图 3-8　梅林流域不同渗透系数计算方法模拟的流量过程线

总的来说，Green-Ampt 方法选用空间分布的渗透系数或区域统一的渗透系数得到的模拟流量过程相差很小。对于 060704 降雨事件，使用空间分布的渗透系数模拟得到的流量峰值略小于使用区域统一的渗透系数模拟得到的流量峰值，并且模拟的流量退水段与实测流量过程更接近一些。但是对于 060905 降雨事件，使用空间分布的渗透系数模拟得到的流量峰值略大于使用区域统一的渗透系数模拟得到的流量峰值。使用空间分布的渗透系数并没有使 Green-Ampt 方法在梅林流域水文响应的模拟中结果更优。

SCS 曲线数方法中的 CN 值是根据土壤含水状况、土地利用方式、土壤透水性由经验方法得到的，使用同样的方法将区域统一的 CN 取值分布到流域内的每个栅格单元。

$$Y = \lg \mathrm{CN}\ ;\qquad Y = \overline{Y} + \mathrm{Sd} \times N \tag{3-12}$$

式中，各参数的意义同式（3-11）。由此得到每个网格单元的 CN 值，并认为这种随机方法计算得到的 CN 值能够表示其空间变化，再分别用区域一致的 CN 值（Uniform CN）和空间分布的 CN 值（Random CN）模拟梅林流域水文响应，结果如图 3-9 所示。

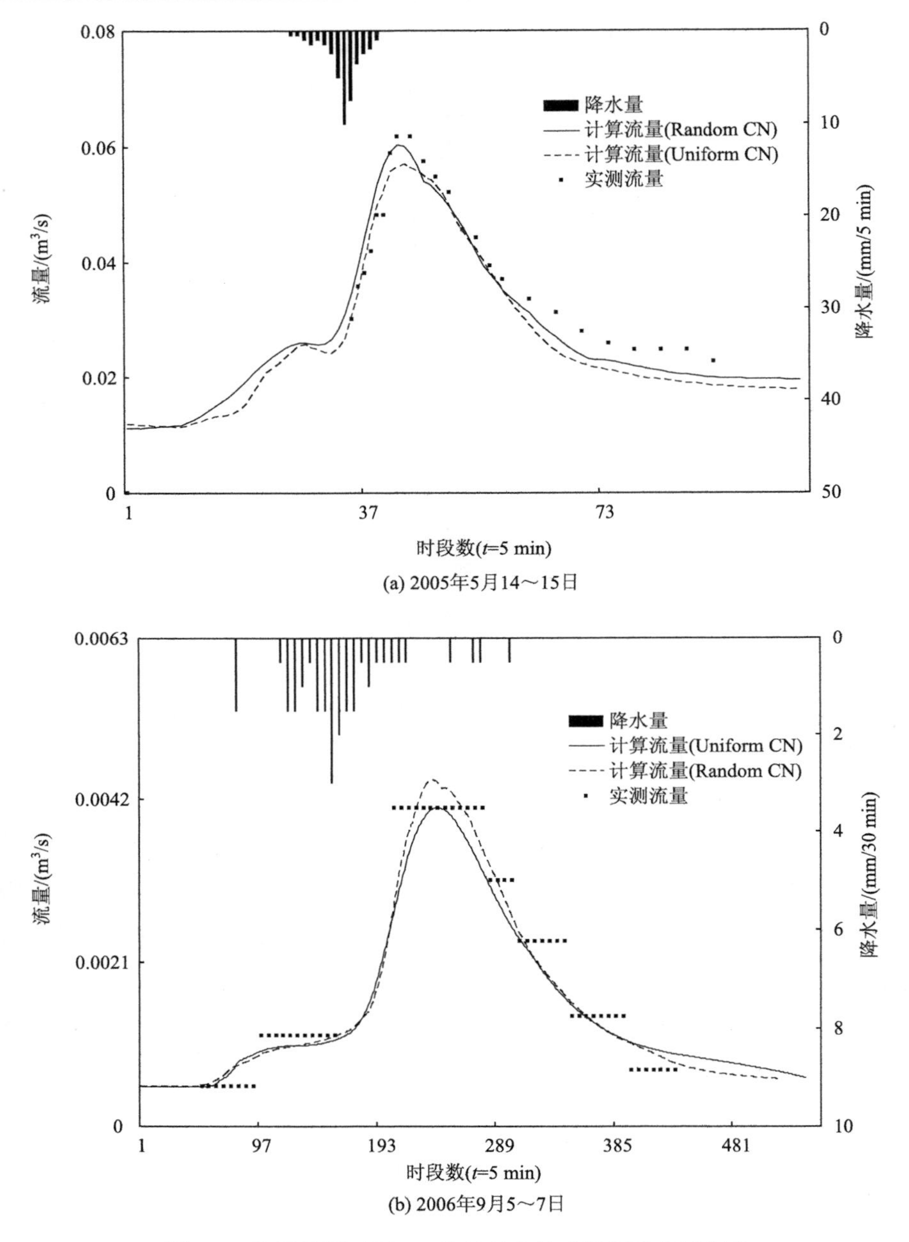

(a) 2005年5月14～15日

(b) 2006年9月5～7日

图 3-9　梅林流域不同 CN 值计算方法模拟的流量过程线

由图中可以看出，SCS 曲线数方法选用空间分布的 CN 值与区域统一的 CN 值模拟流量过程相差不大。对于 050514 降雨事件，使用空间分布的 CN 值模拟得到的流量峰值略大于使用区域统一的 CN 值模拟得到的流量峰值。但是对于

060905 降雨事件，使用空间分布的 CN 值模拟得到的流量峰值略小于使用区域统一的 CN 值模拟得到的流量峰值。使用空间分布的 CN 值并没有使得 SCS 曲线数方法在梅林流域水文响应的模拟中结果更优。

结合以上的分析可以看出，梅林流域的栅格分辨率为 5 m×5 m，对于模拟流域水文响应已经足够精细，并且由于资料条件较好，在计算时使用的区域平均渗透系数及 CN 值资料能够满足模拟需要，因此使用统计学方法考虑 K 值与 CN 值的空间变异性，进一步将其分配至每一个栅格单元并没有很明显地提高模拟精度。但是对于流域面积较大、栅格分辨率较粗时，情况可能不是这样。

第4章　典型山丘区农业非点源污染物迁移规律研究

太湖流域气候温和，拥有富饶的土地资源，自古以来就是中国闻名遐迩的鱼米之乡，农业耕种历史悠久，很早就是中国农业的高产地区。但是近几十年来社会经济的迅猛发展使流域内的水环境急剧恶化，氮、磷等营养负荷大大超过了流域的可承载能力，造成流域内河流黑臭，湖泊出现富营养化等问题，影响了社会经济的和谐发展[158-160]。氮、磷等营养物质的来源可分为点源与非点源，通常非点源污染发生位置与发生范围均难以识别和确定，且成因复杂、随机性强，防治十分困难。由于经济高速发展带来城市化进程不断加快，人口的增加造成土地利用率很高。为满足人民生活需要及增加蔬菜粮食产量，流域内农田的化肥施用量一直有增无减，增幅较大。以宜兴市为例，近 20 年来耕地面积减少了 1/6，但化肥用量却提高了 3 倍多，大大超过了作物的实际利用量[161,162]。化肥的大量施用使得土壤中富集了大量的氮磷营养物质，在降雨过程中氮磷随地表径流流失增加，因此农业非点源污染问题日益突出，引起各界广泛的关注[163-166]。

4.1　流域农业非点源污染物迁移特征实验设计

梅林流域（流域概况见第二章）是典型的农业耕作区，流域内除果园、田地看管者居住的房屋外均为农业种植，主要的作物包括蔬菜、玉米、果树、水稻、竹子等。流域内没有工业生活污水排放，流域出口水流的水质即反映了流域内的非点源污染状况。

在降雨事件中按一定时间间隔在流域出口采集水样用于氮磷的化学分析。在降雨初始阶段采样间隔为 15 min，之后采样间隔为 30 min 和 60 min，若降雨历时较长，则采样周期延长至 2 h。2006 年以前主要为流域出口处采集的水量水质数据，自 2006 年对梅林流域制定了详细的观测计划后，不仅收集了降雨事件中流域出口处的水量水质数据，同时还采集了各实验小区（表 4-1）地表径流水样以及地下水水样进行分析。调查流域内各地块的施肥情况，得到不同土地利用类型 2006 年与 2007 年的平均施肥量，由于不同农户对所属土地施肥操作各不相同，

表 4-2 中所列情形为基本施肥状况，对于一些田块的具体施肥情况未一一列出。

表 4-1　梅林流域不同土地利用实验区面积与坡度

实验区名称	面积/m²	坡度/（°）
菜地实验区	40	2.49
旱地实验区	40	4.94
竹林实验区	40	7.53
板栗林实验区	60	6.55
杨家山实验区	80	19.02

表 4-2　梅林流域 2006～2007 年施肥情况汇总

年份	地点	施肥	肥料名称	施肥时间	施肥量/（kg/hm²）		注释
					N 折纯量	P 折纯量	
2006	水稻田	基肥	碳铵、复合肥	6 月初	113.6	57.4	水稻-小麦轮种
		追肥	尿素、复合肥	7 月	86.3	8.6	
		追肥	尿素	8 月	46.5	3.4	
	小麦	基/追肥	尿素、复合肥	11～12 月	150.0	53.0	
	菜地	基/追肥	尿素、复合肥、人粪	4～8 月	610.0	136.4	2006 年 4～9 月南瓜、茄子
		基肥	复合肥	9～10 月	580.0	500.0	2006 年 9 月～2007 年 3 月大蒜
		追肥	尿素、复合肥	11 月	325.0	15.0	
	旱地	基肥	尿素、复合肥	6 月	251.3	78.8	花生
	竹林	基肥	碳铵、尿素	4 月	241.2	0.0	
	板栗园	基肥	尿素	6 月	172.5	0.0	
	杨家山	基肥	碳铵、尿素	6 月	232.5	0.0	
2007	水稻田	基肥	碳铵、菜籽饼、复合肥	6 月初	184.0	75.5	水稻-小麦轮种
		追肥	尿素、菜籽饼、鸡粪、复合肥	7 月	148.5	3.6	
				8 月	78.5	6.0	
	小麦	基肥	尿素、鸡粪、复合肥	11 月上旬	92.4	60.8	
		追肥	尿素	12 月下旬	75.9	0.0	
	菜地	基/追肥	尿素、菜籽饼、复合肥	3～8 月	414.8	367.1	2006 年 9 月～2007 年 3 月大蒜
		基肥	鸡粪、复合肥	9～10 月	601.1	597.8	2007 年 3～9 月茄子
		追肥	复合肥	11 月	360.0	360.0	2007 年 9～12 月青菜
	旱地	未施肥			0.0	0.0	
	竹林	基肥	尿素	4 月	172.5	0.0	
	板栗园	基肥	尿素	5 月	103.5	0.0	
	杨家山	基肥	复合肥	6 月	112.8	112.8	

对于径流实验小区，在降雨事件中进行水量水质同步观测，径流收集池的尺寸为 1 m（长）×1 m（宽）×1.2 m（深），通过自记水位计测量水池水深变化，即可得到径流小区的产流过程。若降雨历时长、雨量大，汇入径流收集池的径流量也较多，则按照一定时间间隔采集实验小区输出的地表径流水样用于氮磷含量分析，具体采样时间间隔根据小区产流量确定。在降雨过程中取各地下水井中的水样用于氮磷含量分析。表 4-1 为梅林流域各实验区的面积与坡度。可以看出距离出口最近的菜地实验区坡度最缓，流域西南角杨家山实验区坡度最大。

将以上采集的水样冷冻保存，氮磷含量的化学分析在一周内完成，主要分析指标有总氮（TN）、氨氮（NH_3-N）、硝酸盐氮（NO_3^--N）、亚硝酸盐氮（NO_2^--N）、总磷（TP）、正磷酸盐（PO_4^{3-}-P）[167]。水样经过 0.45 μm 滤膜过滤前后均测定上述指标作为溶解态氮、磷含量。认为水样过滤前后测得的氮、磷浓度之差为颗粒态氮、磷浓度。采用过硫酸钾氧化-紫外分光光度法测定总氮，奈斯勒试剂光度法测定氨氮，酚二磺酸分光光度法测定硝氮，*N*-（1-萘基）-乙二胺光度法测定亚硝氮，过硫酸钾高压氧化-钼锑抗分光光度法测定总磷，钼锑抗分光光度法测定磷酸盐。土样分析时，将风干过筛后的土样与 NaCl 配置的溶液混合振荡，取振荡后悬浮液的上层清液进行分析，分析的指标有总氮、氨氮、硝酸盐氮、总磷，分析方法同上。

4.2　降雨事件对流域氮磷输出的影响

流域氮磷等非点源污染物质的迁移过程与水文过程有着密不可分的关系，因施肥储存在土壤中的氮磷会随着地表径流、壤中流、地下径流等水文过程不断地迁移，尤其是在降雨事件中，整个流域内的地表径流、壤中流、地下径流向流域出口的汇集强度增大，氮磷随水流迁移的浓度也增大，因此这些水文通道的水文地球化学特征和水流流速共同控制着水量与污染物的输出[168-171]。

图 4-1 为梅林流域汛期（2006 年 6 月 17 日～7 月 17 日）出口处实测总氮、硝酸盐、亚硝酸盐、氨氮与总磷的日浓度图。从图中可以看出，降雨事件对氮磷的输出起到促进作用，降雨事件的发生对应出口处氮磷浓度的增大。此外，施肥也会影响氮磷的输出量。2006 年 5 月中旬和 6 月中旬对流域内的菜地、旱地和板栗林进行了施肥，造成流域土壤中的氮磷含量很高。虽然 2006 年 6 月 22 日降雨事件总雨量不大，但输出了大量的氮磷，尤其是氨氮。究其原因为施用了易溶于

水的碳铵与尿素等氮肥。在 7 月，氨氮与硝氮成为流域氮素流失的主要组成部分，氨氮输出浓度同 6 月相比大大降低。

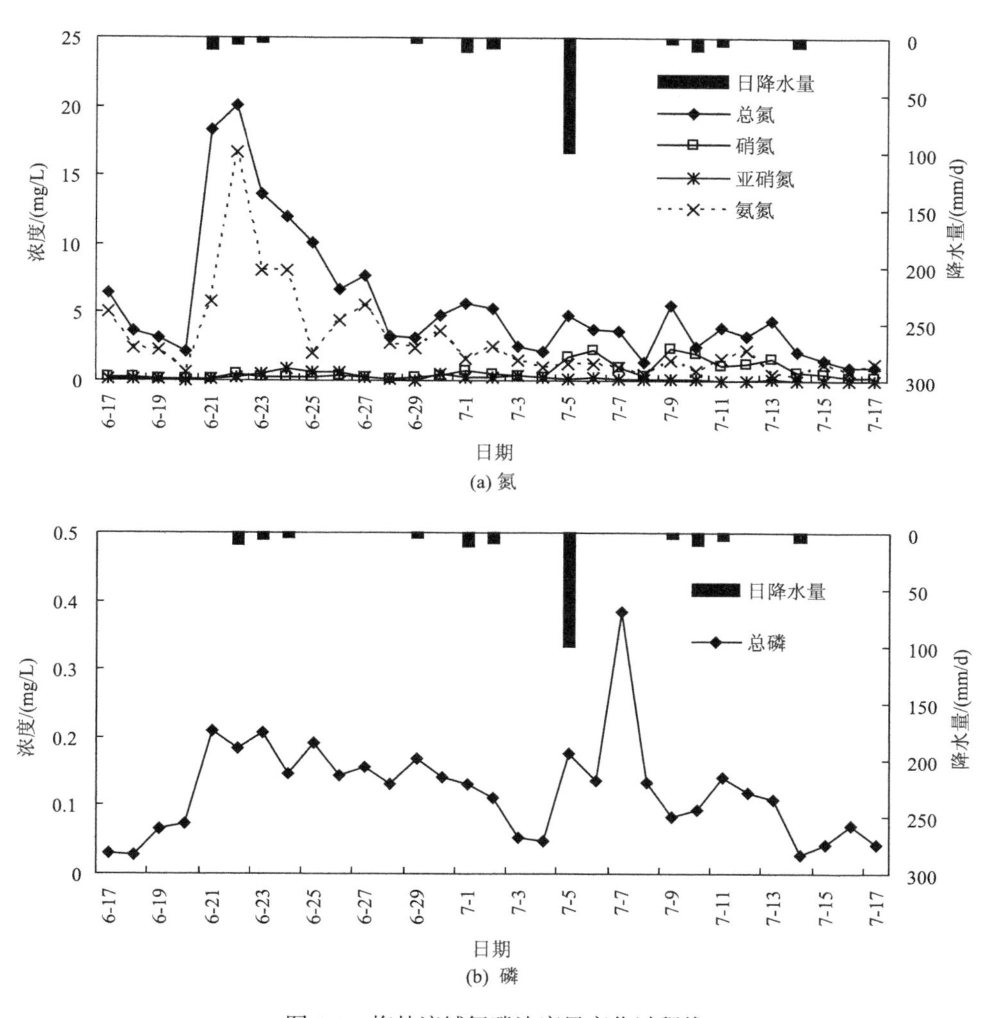

图 4-1　梅林流域氮磷浓度日变化过程线

从图 4-1 中还可以看出，降雨事件对磷素流失的影响大于氮素。2006 年 7 月 5 日（060705）降水量达 100 mm，造成流域内磷素大量流失，流域出口处总磷含量迅速增大，但氮素含量并未大幅度增加。由此可推断氮素输出一方面取决于降雨，另一方面受限于流域内氮平衡，因为在此之前的降雨事件已造成氮素大量流失，很大程度上减少了流域内的氮储量，从而限制了此次降雨事件能够输出的氮量。另外，在降雨事件中氮素和磷素的高浓度输出并不限于降雨当天，而是能够持续数日，说明在降雨事件中氮磷等营养物质能随汇流、下渗等水文过程迁移进入土壤或地下水，并随土壤水和地下水向流域出口汇集，从而造成流域内氮磷流失。

结合《地表水环境质量标准》（GB 3838—2002）（表 4-3），对梅林流域出口处所在河流的水质情况进行分析（表 4-4）。2006 年 6 月 17 日～7 月 17 日，梅林流域主要超标污染物是氮素，参照Ⅲ类、Ⅳ类、Ⅴ类水评价标准，总氮超标的天数分别为 30 d、28 d、27 d，氨氮超标的天数分别为 25 d、18 d、15 d，并且总氮和氨氮的最大浓度分别达到 20.1 mg/L 和 16.6 mg/L，是Ⅴ类水标准限值的 10 倍和 8 倍多。在这一时期内，梅林流域输出磷素的浓度不高，参照Ⅳ类水评价标准，总磷超标的天数仅 1 d，即为受到 7 月 5 日暴雨事件驱动造成流域出口处总磷浓度增大；参照Ⅲ类水评价标准，总磷超标的天数为 3 d，主要由流域施肥后不久的 6 月 22 日降雨事件输出。

表 4-3　地表水环境质量标准氮磷项目的标准限值　　（单位：mg/L）

项目	Ⅰ类	Ⅱ类	Ⅲ类	Ⅳ类	Ⅴ类
氨氮（NH_3-N）	≤0.15	≤0.5	≤1.0	≤1.5	≤2.0
总磷（TP）	≤0.02	≤0.1	≤0.2	≤0.3	≤0.4
总氮（TN）	≤0.2	≤0.5	≤1.0	≤1.5	≤2.0

表 4-4　2006 年 6 月 17 日～7 月 17 日梅林流域出口河流水质情况

水质分类	项目	TN	NH_3-N	TP
Ⅲ类	超过标准的天数/d	30	25	3
	超标百分比/%	96.8	80.6	9.7
Ⅳ类	超过标准的天数/d	28	18	1
	超标百分比/%	90.3	58.1	3.2
Ⅴ类	超过标准的天数/d	27	15	0
	超标百分比/%	87.1	48.4	0.0

梅林流域位于宜兴市大浦镇，属于太湖流域河网区。流域内河流纵横交错，河网密度大，梅林流域出口处河流与镇内其他河流相通。近 20 年来当地水质恶化严重，但居民仍然保持使用河水和地下水的生活习惯。水质的恶化不仅严重威胁自然环境，也威胁着居民的身体健康。

4.3　梅林流域氮磷随降雨事件迁移规律

4.3.1　梅林流域氮磷输出主要成分

降雨是氮磷输出的驱动力，研究氮磷在降雨事件中的输出规律与主要控制因子对于研究非点源污染物输移机理与控制是十分必要的。图 4-2 与图 4-3 是梅林

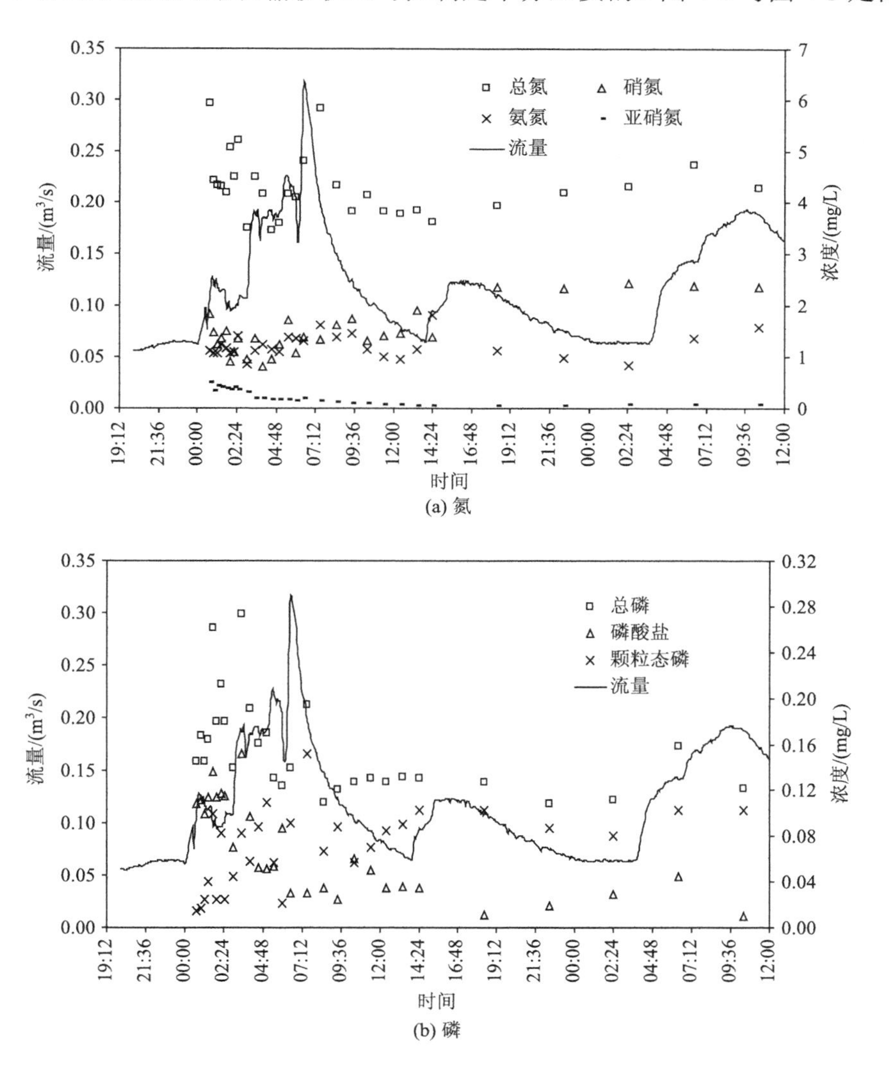

(a) 氮

(b) 磷

图 4-2　2004 年 6 月 23～25 日梅林流域出口流量及氮磷输出浓度过程线

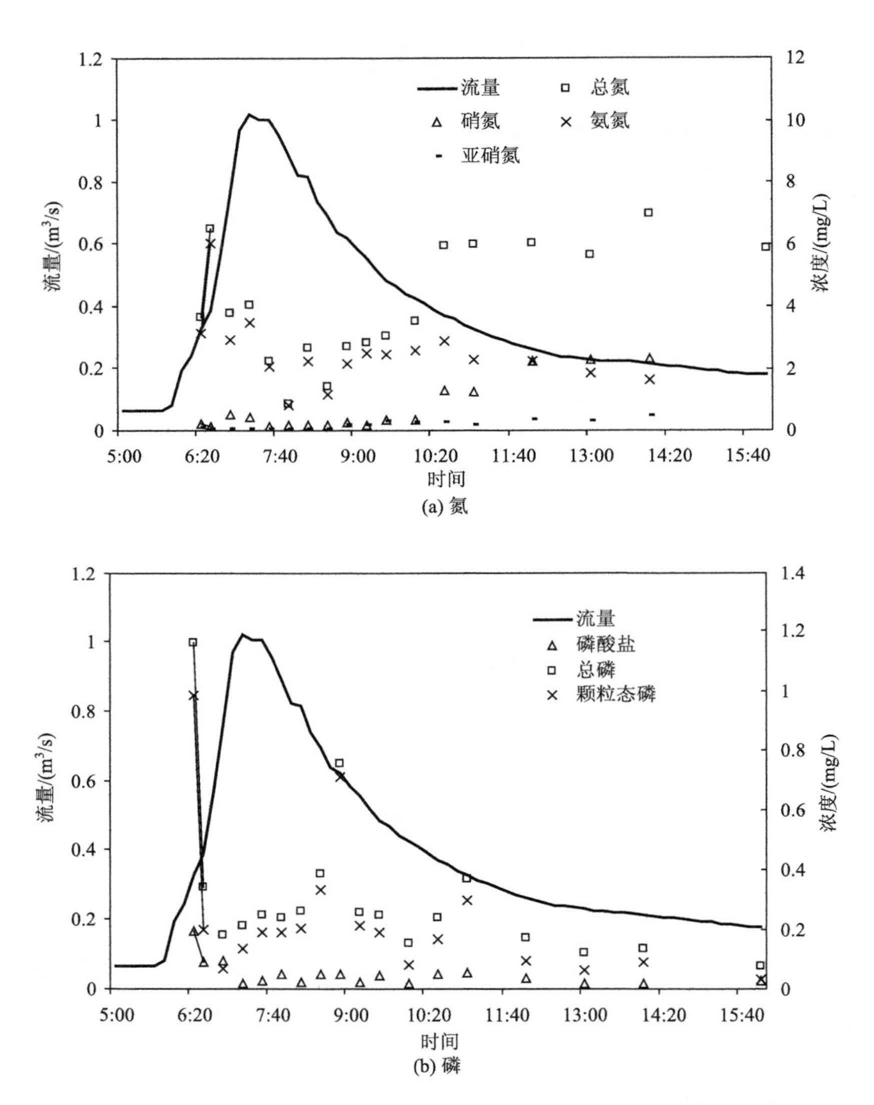

(a) 氮

(b) 磷

图 4-3　2006 年 7 月 5 日梅林流域出口流量及氮磷输出浓度过程线

流域两场降雨事件中氮磷浓度随流量变化的过程，从图中可以看出总氮的浓度峰值通常出现在流量峰值之前，退水时总氮浓度呈较缓的增长趋势。040623 降雨事件中，硝氮与氨氮是流域氮素输出的主要组成成分，硝氮浓度在后期仍呈增长趋势；亚硝氮浓度不大，峰值出现在流量峰值之前，之后呈下降趋势。

060705 降雨事件中，前期氨氮输出浓度大于硝氮输出浓度，如前所述，与 2006 年流域施用较多氨肥并随即出现较多降雨事件有关；降雨事件后期硝氮浓度不断增大。

总磷和磷酸盐的输出浓度峰值同样在流量峰值之前，磷酸盐浓度在这之后呈减小趋势，颗粒态磷是这两场降雨事件输出磷的主要组成。

040623 降雨事件总雨量为 69.9 mm，最大雨强为 7.4 mm/5 min；060705 降雨事件总雨量为 100 mm，最大雨强为 17 mm/5 min。两次降雨事件的雨量与雨强均较大，根据 3.3 节的分析可知，这两次降雨事件的涨水段主要水流组成为饱和地表径流及超渗地表径流，这部分径流输出了高浓度的氮素与磷素，并且氮磷的浓度峰值出现在流量峰值之前；退水段主要水流组成除了流域内地表径流与回归流外，还包括土壤水与地下水，在这一期间，氮磷输出浓度出现不同程度的上升，甚至出现浓度峰值。由此可知，在梅林流域大量氮磷不仅随地表径流输出，也随着壤中流与地下径流输出。统计各降雨事件氮磷输出浓度的最大值、最小值与平均值，如图 4-4～图 4-6 所示。

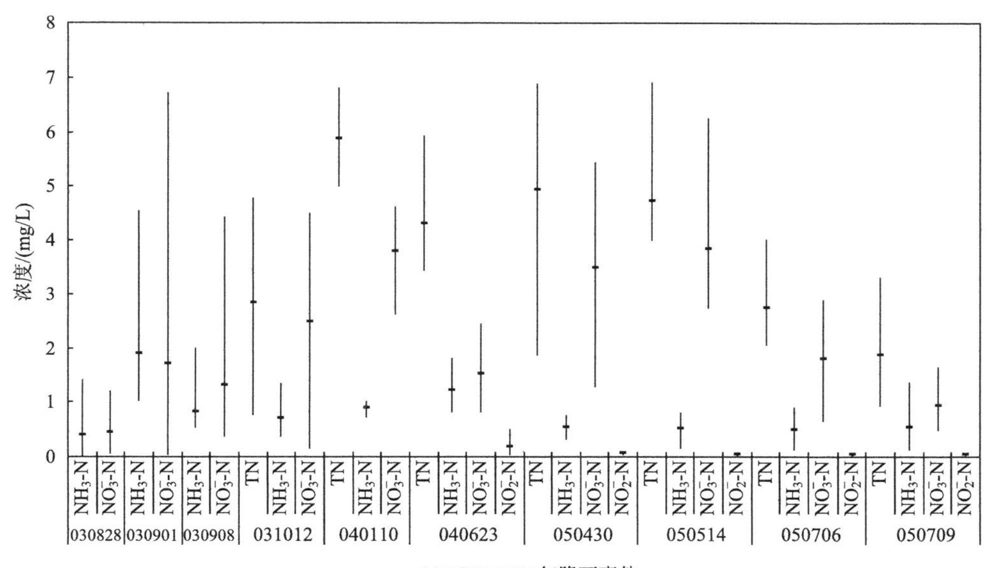

(a) 2003~2005年降雨事件

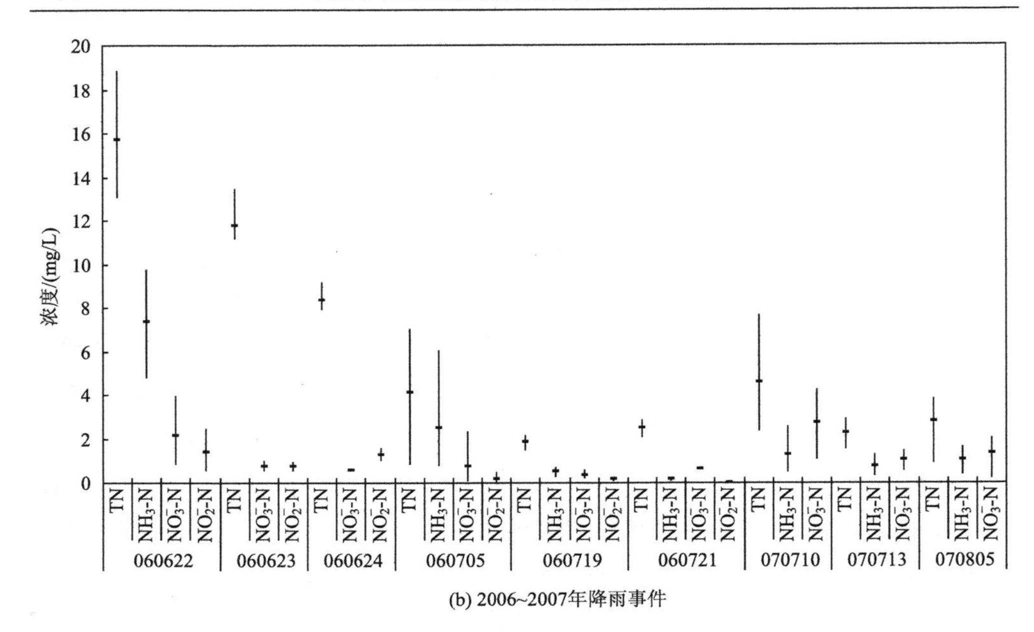

(b) 2006~2007年降雨事件

图 4-4　降雨事件输出氮素浓度

下限为浓度最小值；上限为浓度最大值；-为浓度平均值

由图 4-4 可知，硝氮与氨氮是氮素输出的主要成分，亚硝氮的输出浓度很低，只相当于输出总氮浓度的 0.78%～10%。060624 降雨事件输出的亚硝氮浓度较高，相当于输出总氮浓度的 15%，主要由于 2006 年 6 月 22～24 日的连续降水导致流域土壤含水率较高，易形成厌氧环境，并且由于施肥时土壤氮含量较高，有利于硝酸盐还原为亚硝酸盐，造成 060624 降雨事件输出的亚硝氮浓度较高。各次降雨事件硝氮输出浓度相当于总氮输出浓度的 10%～87%，氨氮输出浓度相当于总氮输出浓度的 10%～60%。060622、060623、060624 和 060705 降雨事件输出的氨氮浓度较高，主要由于 2006 年 6 月流域内施用了大量的碳铵与尿素，虽然 6 月 22～24 日雨量不大，但是却输出了大量的氮，尤其是氨氮。可见在农业耕作中，若施肥后随即发生降雨事件，会造成肥料的大量流失，大大降低肥料的利用率。在其他各降雨事件中，硝氮是氮素输出的主要组成。根据这一研究成果，在 2007 年的水样化学分析中，因为亚硝氮输出浓度很低，不是梅林流域氮素输出的主要组成，所以略去亚硝氮这一分析项目。

使用 0.45 μm 滤膜过滤后的水样分析总氮、氨氮、硝氮、亚硝氮含量，同由过滤前的水样分析得到的总氮、氨氮、硝氮、亚硝氮含量进行对比（图 4-5），可

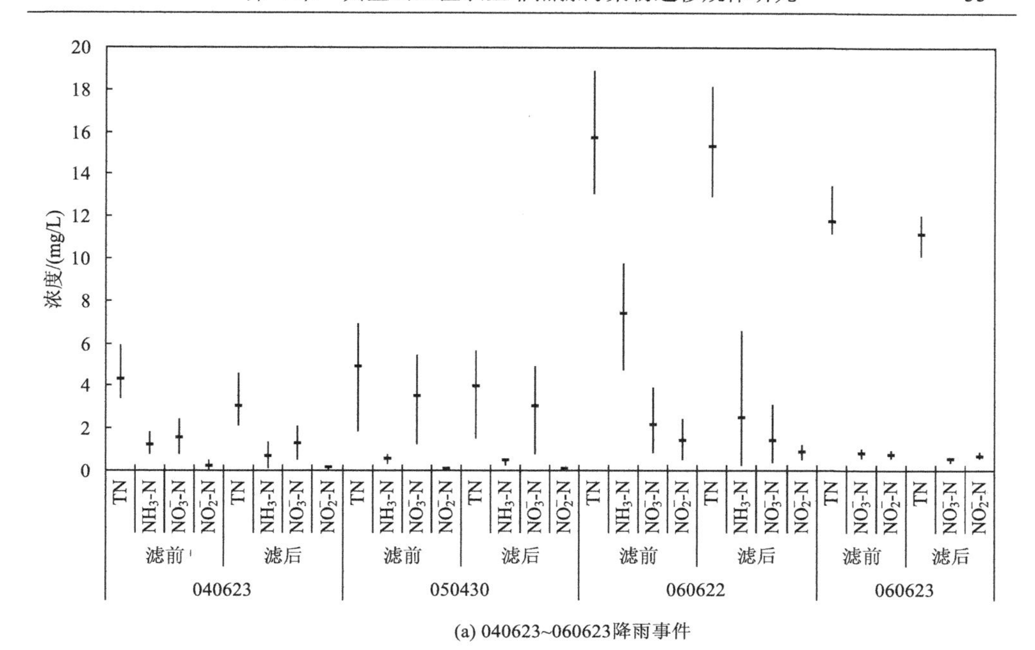

(a) 040623~060623降雨事件

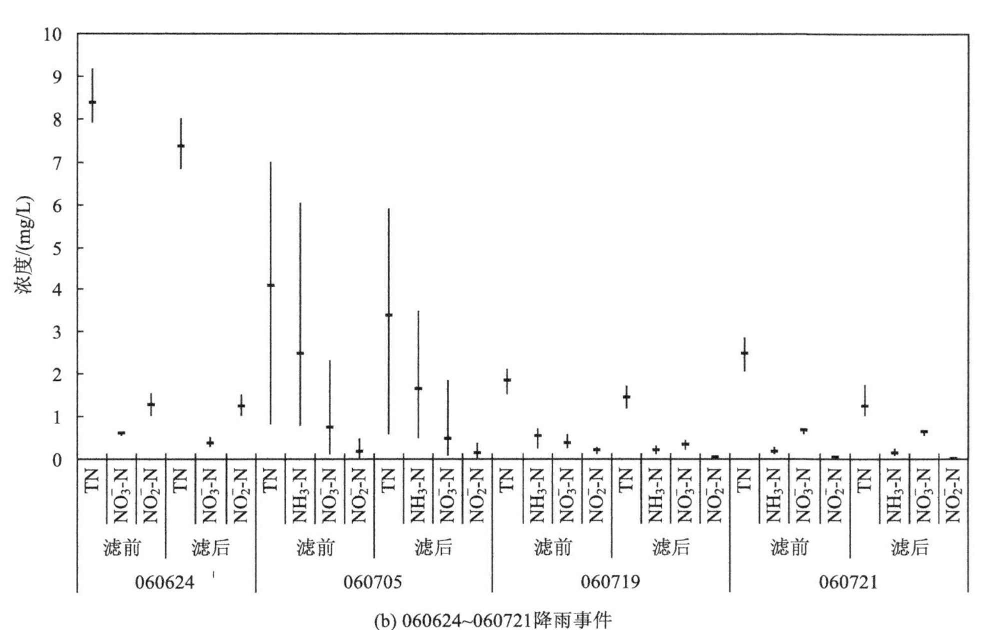

(b) 060624~060721降雨事件

图 4-5 降雨事件输出氮素与可溶性氮浓度

下限为浓度最小值；上限为浓度最大值；-为浓度平均值

以看出，各种形态氮素的输出主要以可溶性氮为主。可溶性总氮占总氮输出的50%～90%，可溶性氨氮占氨氮输出的 30%～85%，可溶性硝氮占硝氮输出的60%～90%，可溶性亚硝氮占亚硝氮输出的 10%～90%。梅林流域植被覆盖良好，冲刷产生泥沙量很小，因此梅林流域氮素流失的主要形式为可溶性氮。

分析水样中的总磷与磷酸盐含量，以及 0.45 μm 滤膜过滤后的水样中的总磷含量。过滤前与过滤后的总氮之差为颗粒态总磷浓度，用 SP 来代表。图 4-6 为各次降雨事件总磷、磷酸盐与颗粒态总磷浓度。

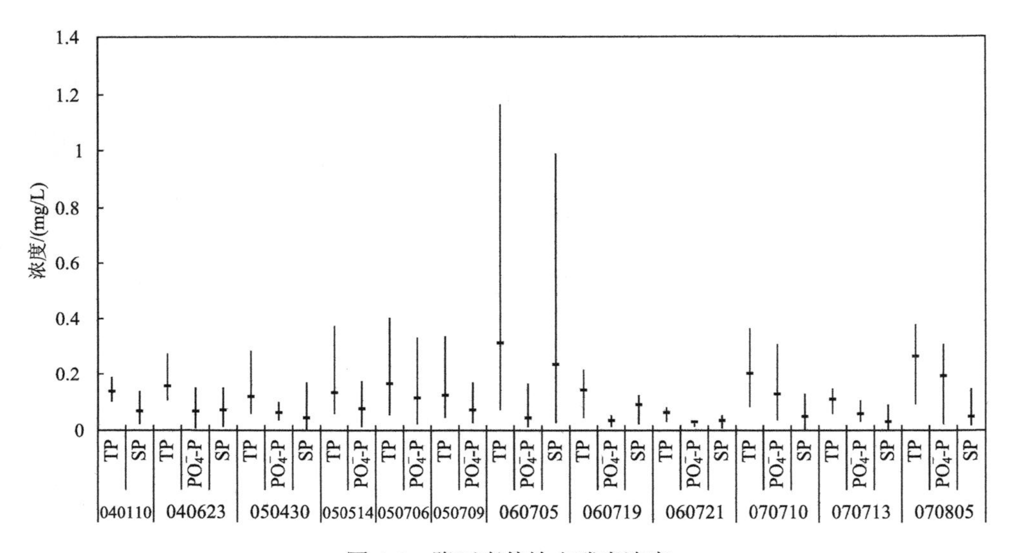

图 4-6　降雨事件输出磷素浓度

下限为浓度最小值；上限为浓度最大值；-为浓度平均值

注意到 060705、060719 和 060721 降雨事件，颗粒态磷占输出磷素的 75%、60%和 50%，磷酸盐占输出磷素的 15%、25%和 45%。这三场降雨事件输出的颗粒态磷含量依次降低，磷酸盐浓度则依次升高；而其他降雨事件中颗粒态磷占输出磷素的 10%～40%，磷酸盐浓度为输出总磷浓度的 50%～75%。060705 降雨总雨量为 100 mm，雨量和雨强都较大，导致径流量的冲刷作用较强，带出了较多的泥沙，因此吸附态磷的含量所占的比重大大增加，磷酸盐输出的比重减小。这次大暴雨之后，梅林流域在 7 月 9～11 日、7 月 14 日均有降雨发生，虽然雨量不大，却使梅林流域保持了较高的土壤含水率，降低了表层土壤下渗率，降雨更容易积蓄在地表，侵蚀搬运泥沙。另外，060705 降雨事件输移的泥沙量并未全部输出流域。060719 与 060721 降雨事件的总雨量分别为 51.5 mm 和 33.5 mm，这两次降雨事件除了本身的侵蚀作用外还继续带出了 060705 降雨事件侵蚀后未输移出流域的泥沙量，因此也输出了比其他场次降雨事件更多的颗粒态磷。梅林流域具有良好的植被覆盖，降雨事件很难造成流域大量的水土流失，即便是大暴雨，输出的泥沙量也有限。对比图 4-5，060705 次大暴雨输出氮的浓度以可溶性氮为主，但是对于磷的输出来说，即使流域水土流失状况很轻，仍然使得颗粒态磷成为主要的磷输出组分，可见磷更容易吸附在土壤颗粒上，并随着土壤颗粒的移动而运移，而氮素则大多以可溶状态输移，更容易随着土壤溶液的运动而运移。

4.3.2　梅林流域流量与氮磷输出关系研究

对各次降雨事件同时刻的流域出口流量与营养物质浓度取对数并做相关分析，如图 4-7 与图 4-8 列出的是 2004 年 6 月 23～25 日和 2006 年 7 月 5 日梅林流域降雨事件的相关分析结果，其他各场次降雨事件同时刻流量与营养物质浓度的相关系数各有不同，但是得到的结论是相同的。

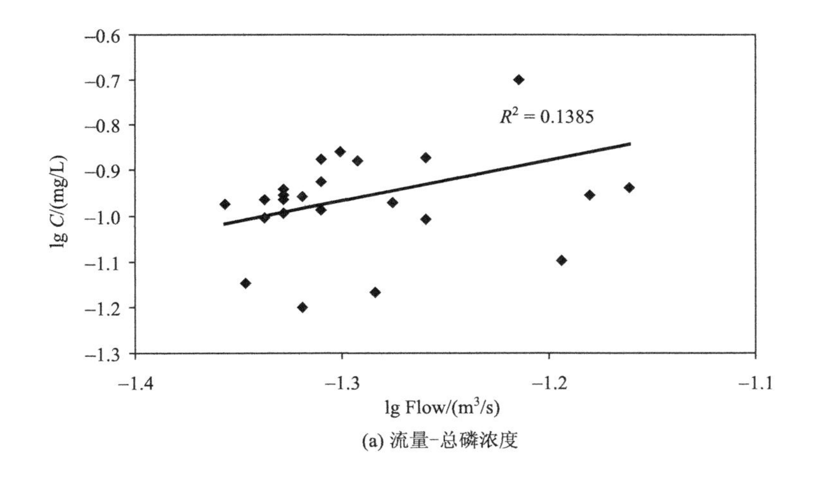

(a) 流量-总磷浓度

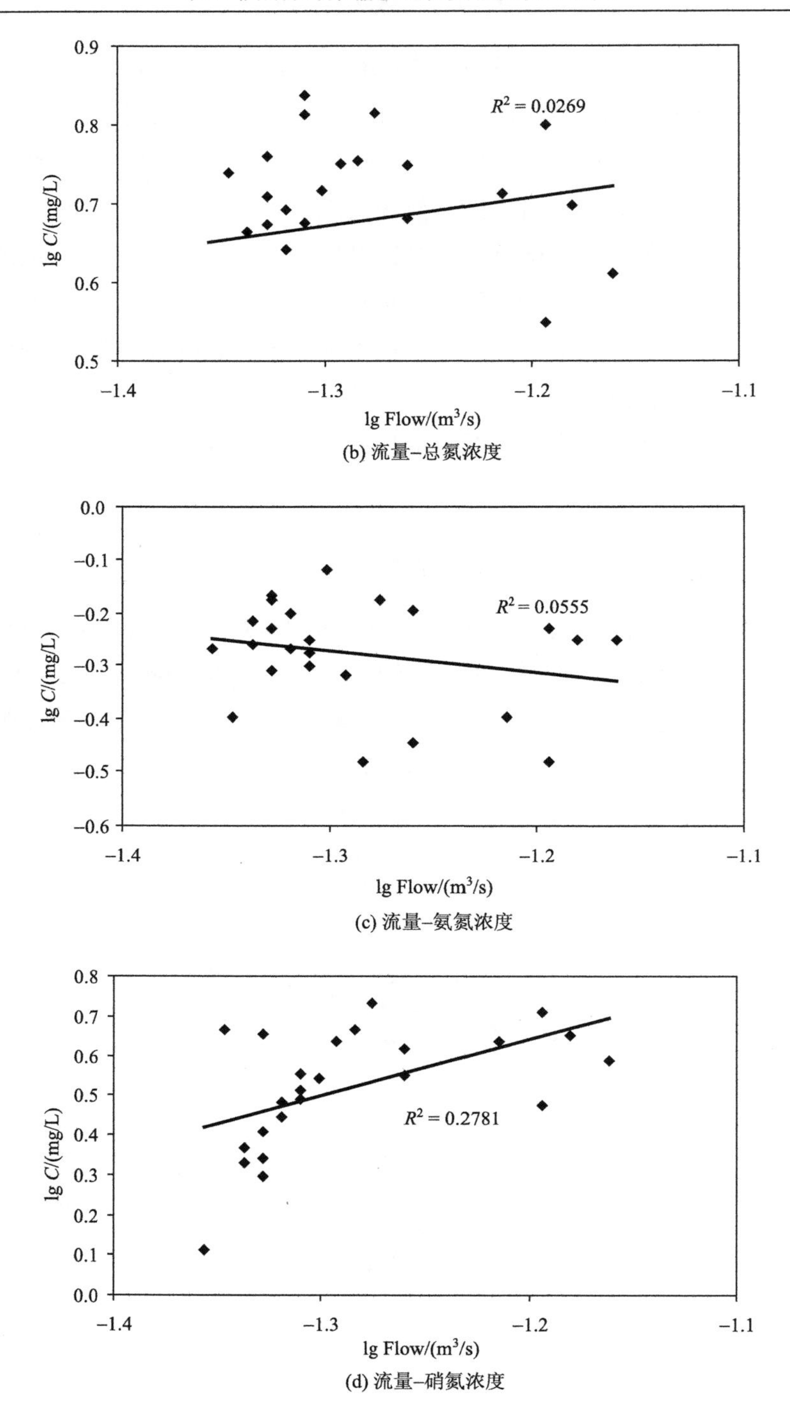

(b) 流量–总氮浓度

(c) 流量–氨氮浓度

(d) 流量–硝氮浓度

图 4-7　梅林流域 040623 降雨事件同时刻出口流量（Flow）与氮磷浓度（C）对数相关图

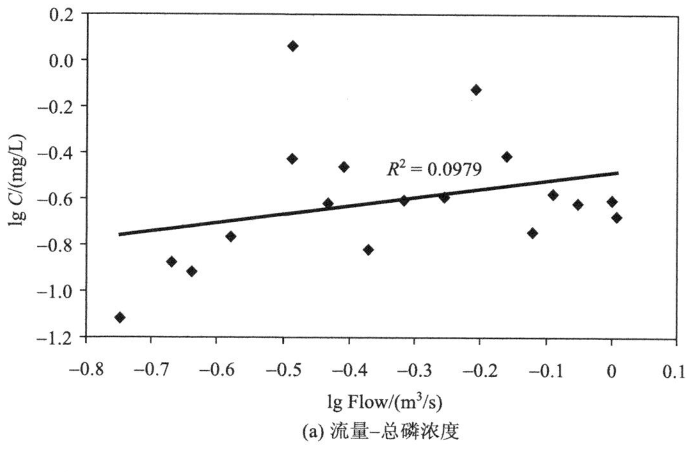

(a) 流量–总磷浓度

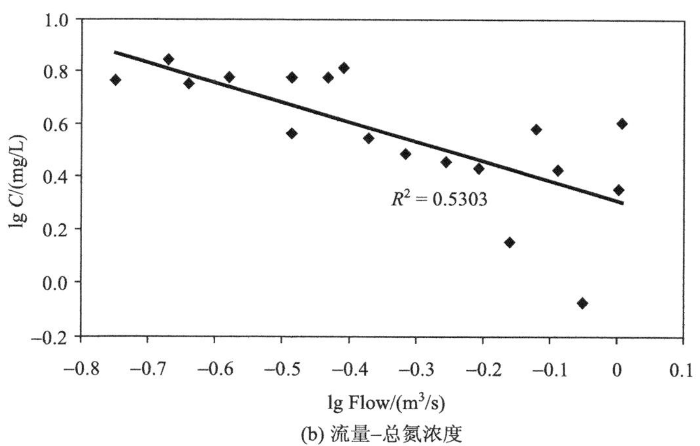

(b) 流量–总氮浓度

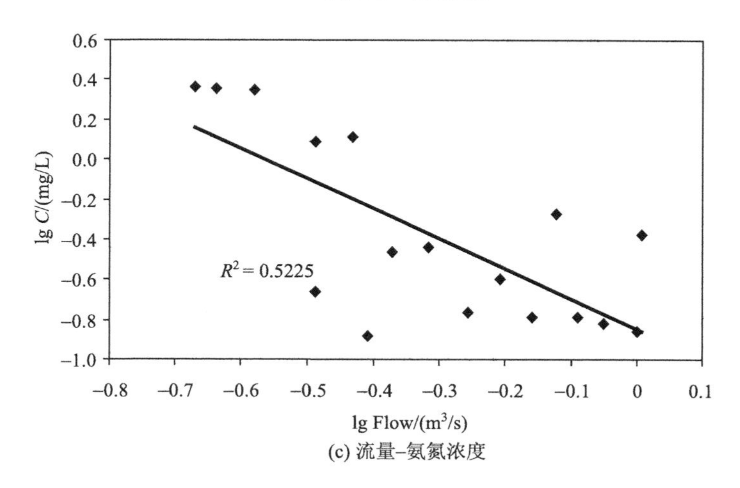

(c) 流量–氨氮浓度

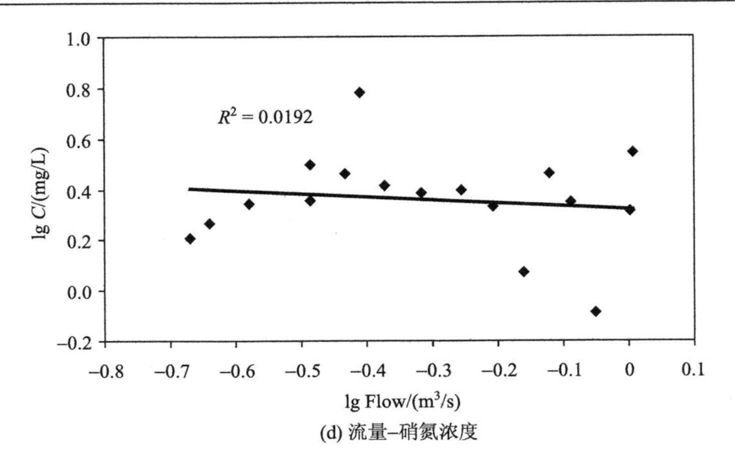

(d) 流量–硝氮浓度

图 4-8　梅林流域 060705 降雨事件同时刻出口流量（Flow）与氮磷浓度（C）对数相关图

从图 4-7、图 4-8 及其他降雨场次的流量和营养物质浓度对数相关关系分析可以得出以下结论，即降雨过程中同时刻的流量与营养物质浓度不存在明显的线性相关关系，即使有些场次的流量和营养物质浓度对数相关系数可以达到 0.7 左右[如图 4-8（b）达到 0.5303]，但这并不是普遍现象，只是个别场次存在较好的相关关系。总氮、氨氮、硝氮浓度与流量的关系较为多变，有些场次营养物质浓度随流量增大而增大，有些场次营养物质浓度则随流量增大而减小，而大多数场次总磷的浓度是随着流量的增大而增大的。

水文响应与氮磷运移均为非线性响应系统，氮素与磷素的输移除了受到水文过程、土壤、植被、地质地貌、气象条件的影响外，在迁移过程中还受到土壤可供氮素与磷素的影响，以及氮磷溶解性、吸附–解吸附特性等的限制[172-183]。另外，用于分析氮磷含量的水样采集间隔较长，不能得到很小时间步长下氮磷浓度的变化过程。因此氮磷输出浓度过程线（图 4-2、图 4-3）所示的降雨事件中氮磷浓度随时间的变化较为多样，使用同时刻的流量与氮磷浓度点相关图（图 4-7、图 4-8）也不能够直接分析出氮磷输出浓度与流量之间的相互作用关系。为了研究在降雨事件中，当流量增大时是否能够带出更多的氮磷等营养元素，即高流量是否能够促使流域内更多氮磷的流失，根据 2003～2007 年梅林流域降雨事件中出口的水量水质同步观测数据，计算每一场降雨事件的平均流量及标准差、输出氮磷的平均浓度及标准差、氮磷输出的流量加权平均浓度及氮磷输出负荷。其中降雨事件流量或氮磷浓度的标准差用式（4-1）计算，降雨事件营养物质的流量加权平均浓度用式（4-2）计算，降雨事件营养物质的输出负荷用式（4-3）计算。

$$\mathrm{SD}=\sqrt{\frac{\sum_{i=1}^{n}(x_i-\overline{x})^2}{n-1}} \tag{4-1}$$

式中，SD 为标准差；x_i 为变量，在此处代表流量（m^3/s）或氮磷浓度（mg/L）；$\overline{x}$ 为变量均值；n 为变量个数，在此处代表降雨过程中流量实测值个数或氮磷含量分析的样品数。

$$C_{\mathrm{fw}}=\frac{\sum_{i=1}^{n}Q_iC_i}{\sum_{i=1}^{n}Q_i} \tag{4-2}$$

式中，C_{fw} 为氮磷的流量加权平均浓度（mg/L）；Q_i 与 C_i 分别代表相应时刻的流量（m^3/s）与氮磷浓度（mg/L）；n 为采样个数。

$$L=\frac{\int_0^T Q(t)C(t)\mathrm{d}t}{T} \tag{4-3}$$

式中，L 为降雨事件的氮磷输出负荷（g/h）；$Q(t)$ 为 t 时刻的流量（m^3/s）；$C(t)$ 为 t 时刻的氮磷浓度（mg/L）；T 为降雨事件历时。

由于实测流量与实测氮磷浓度值均为非连续事件，两次采样之间存在一定时间间隔，因此实际中使用的是式（4-3）的离散形式，即

$$L=\frac{\sum_{i=1}^{n}\left(\frac{Q_iC_i+Q_{i+1}C_{i+1}}{2}\times\Delta t\right)}{T} \tag{4-4}$$

式中，Q_i、C_i 和 Q_{i+1}、C_{i+1} 分别为两次相邻采样时刻的流量（m^3/s）与营养物浓度（mg/L）；Δt 为这两次相邻采样的时间间隔；其他变量的定义同上。

图 4-9～图 4-14 为不同降雨事件梅林流域出口处的总氮、氨氮、硝氮、总磷、颗粒态磷和磷酸盐输出特性。2007 年 8 月 5～6 日的降雨事件，虽然雨量不大，但是却在流域出口产生了强烈的出流响应，主要是因为 2007 年的 7 月和 8 月降雨事件发生频率比较密集，7 月底及 8 月 1 日、8 月 2 日、8 月 3 日均有降雨发生，造成流域内的土壤含水率水平较高，使得 8 月 5 日的降雨事件产生了较大的流量响应。

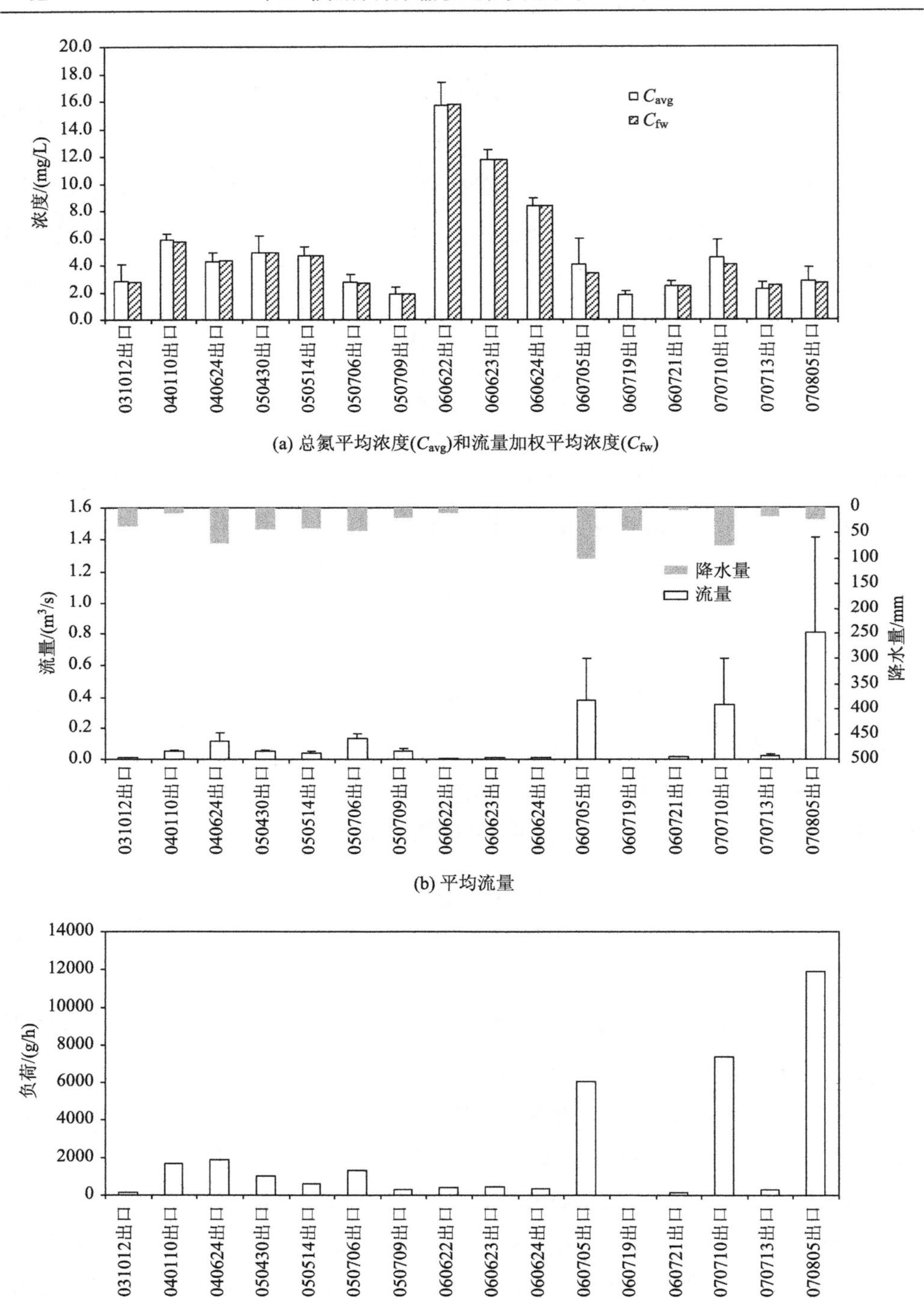

(a) 总氮平均浓度(C_{avg})和流量加权平均浓度(C_{fw})

(b) 平均流量

(c) 总氮输出负荷

图 4-9　不同降雨事件梅林流域出口总氮输出特性（误差线代表标准差）

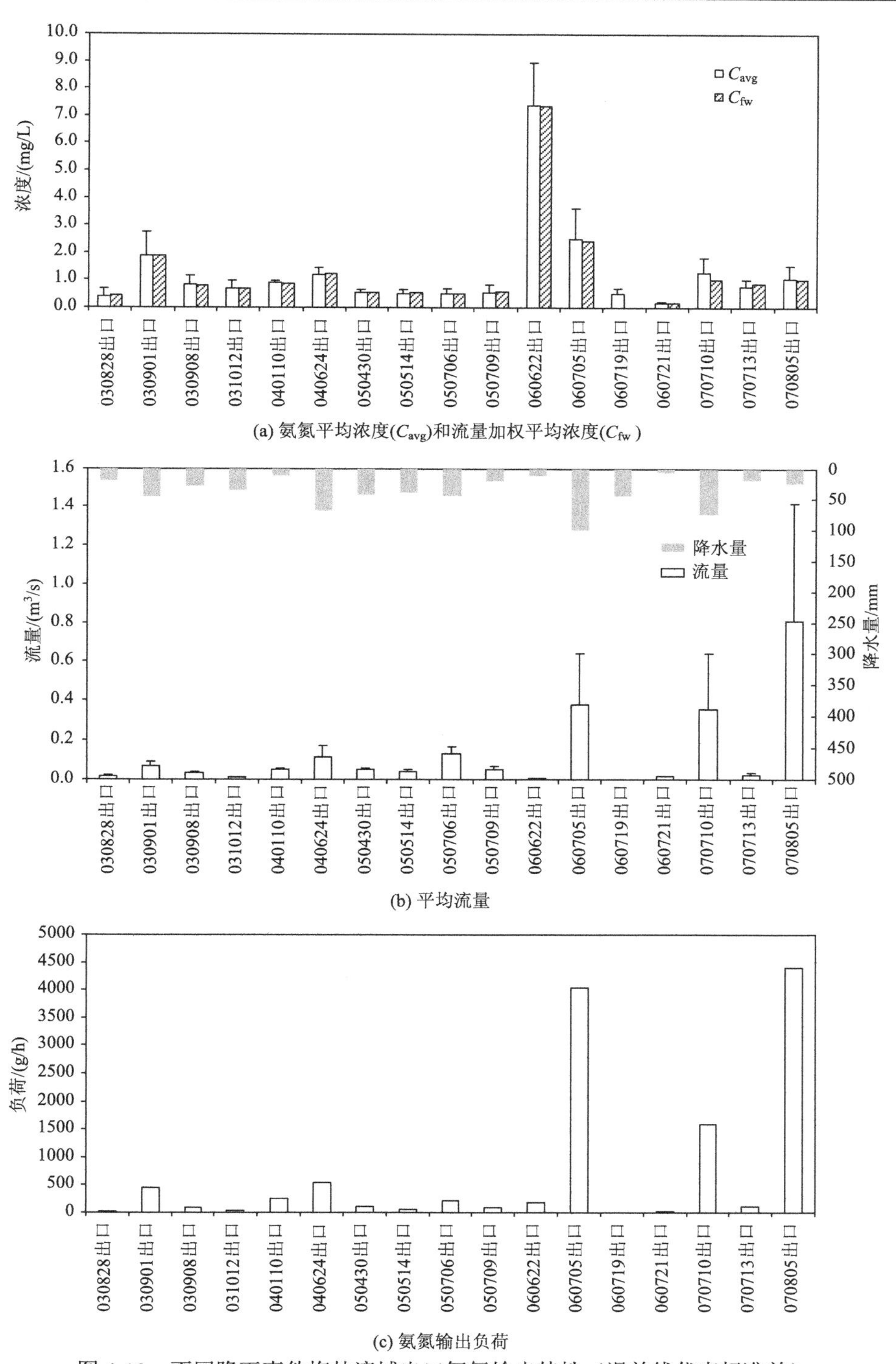

(a) 氨氮平均浓度(C_{avg})和流量加权平均浓度(C_{fw})

(b) 平均流量

(c) 氨氮输出负荷

图4-10 不同降雨事件梅林流域出口氨氮输出特性（误差线代表标准差）

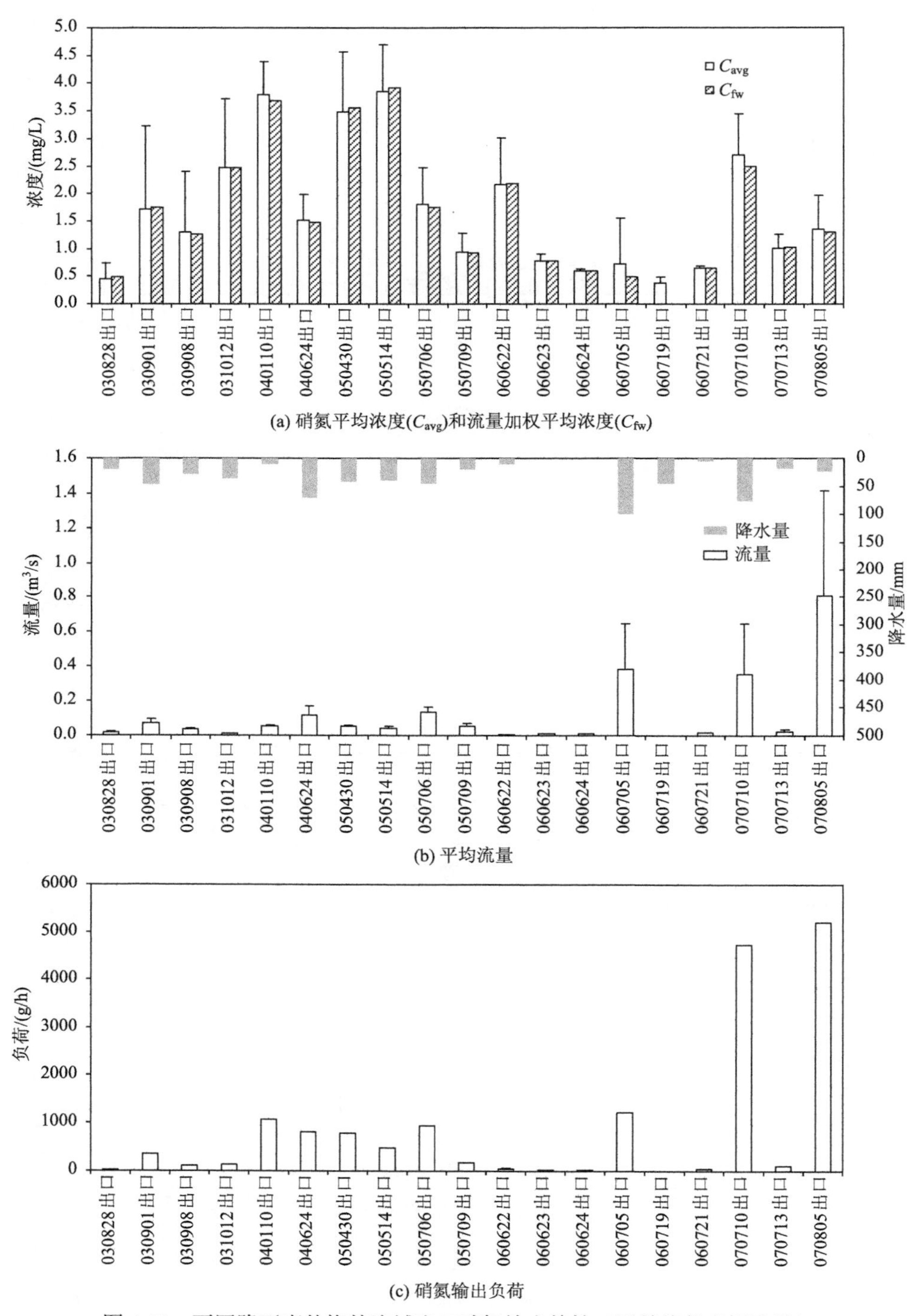

(a) 硝氮平均浓度(C_{avg})和流量加权平均浓度(C_{fw})

(b) 平均流量

(c) 硝氮输出负荷

图 4-11　不同降雨事件梅林流域出口硝氮输出特性（误差线代表标准差）

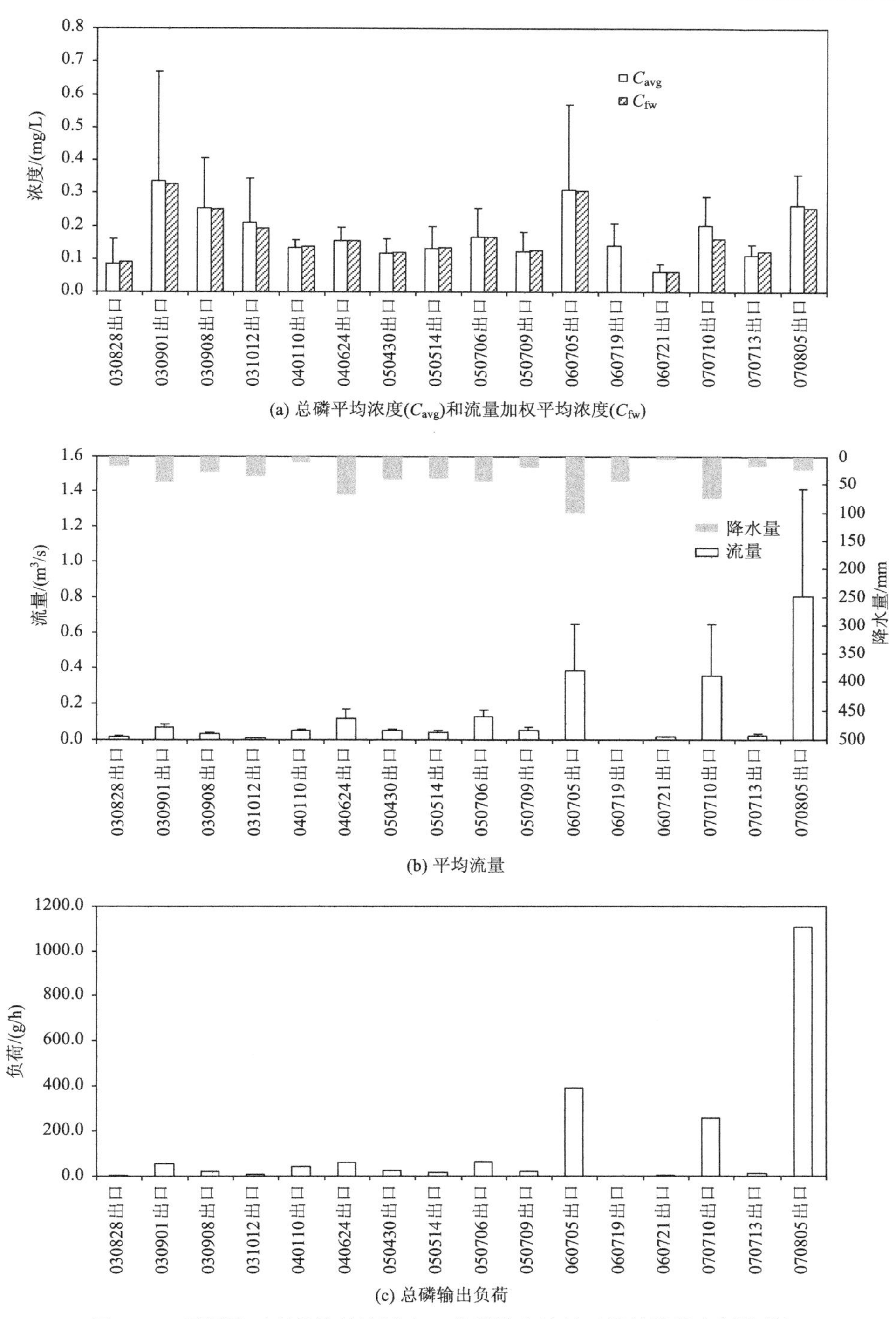

图 4-12　不同降雨事件梅林流域出口总磷输出特性（误差线代表标准差）

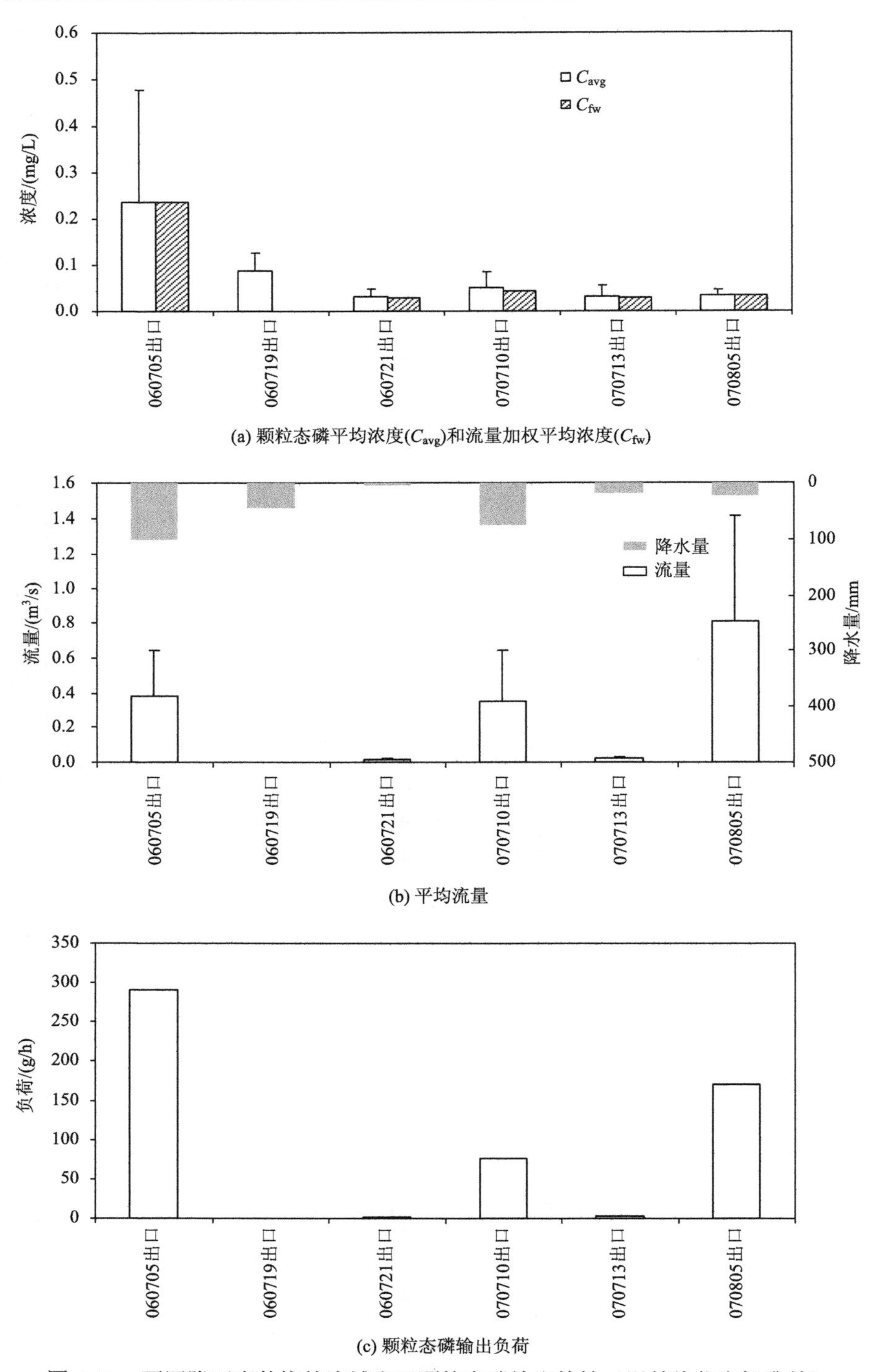

(a) 颗粒态磷平均浓度(C_{avg})和流量加权平均浓度(C_{fw})

(b) 平均流量

(c) 颗粒态磷输出负荷

图 4-13　不同降雨事件梅林流域出口颗粒态磷输出特性（误差线代表标准差）

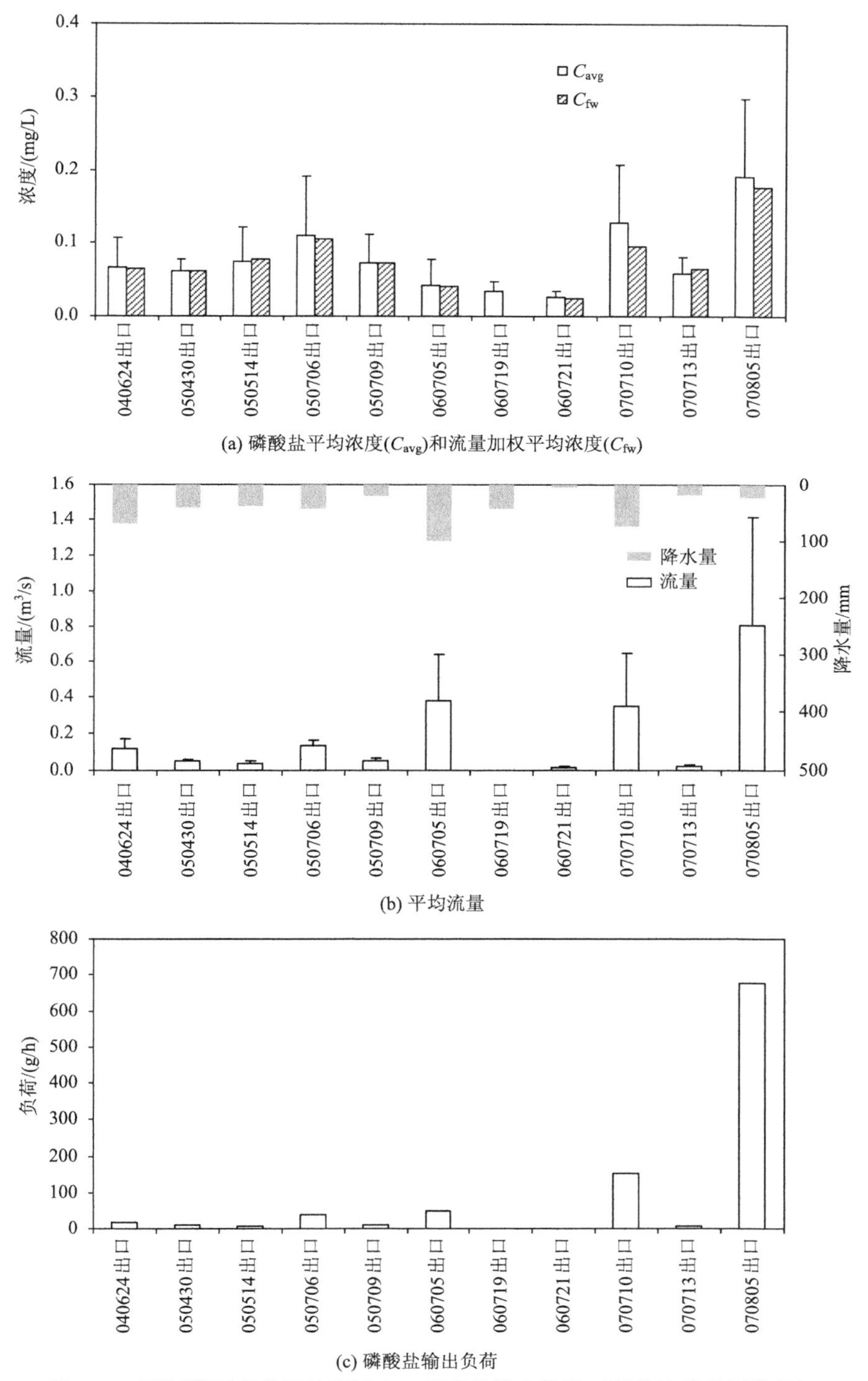

(a) 磷酸盐平均浓度(C_{avg})和流量加权平均浓度(C_{fw})

(b) 平均流量

(c) 磷酸盐输出负荷

图 4-14　不同降雨事件梅林流域出口磷酸盐输出特性（误差线代表标准差）

从图 4-9～图 4-14 可以看出，无论是氮素还是磷素，降雨事件的流量加权浓度并未显著得高于或低于平均浓度，因此在降雨事件过程中，氮磷的高浓度流失时段并不对应着高流量或低流量发生的时段，进一步说明在降雨事件中流量过程与污染物输出浓度过程之间不存在直接的相关关系；并且同它们自身的输出浓度相比，降雨过程中磷素浓度变化的标准差要大于氮素浓度变化的标准差，总氮浓度变化的标准差最小。对不同场次降雨事件总磷、颗粒态磷、磷酸盐的平均标准差分别为它们平均浓度的 50%、65%和 55%，而对不同场次降雨事件总氮、氨氮、硝氮的平均标准差分别为它们平均浓度的 20%、35%和 40%，说明在降雨事件中，磷素的浓度变化要大于氮素的浓度变化，颗粒态磷的输出浓度变化较大，而总氮的输出浓度变化较小。对于不同场次的降雨事件，若该次降雨事件的平均流量越大，则流量的标准差也越大[图 4-15（a）]，说明流域内输出流量较大时，即降雨产生了较大的径流响应时，低流量与高流量之间的差距就越大。这一规律同样适用于流域内总磷、颗粒态磷、磷酸盐和氨氮输出浓度在降雨过程中的变化，而总氮与硝氮输出浓度变化则没有这一规律（图 4-15），说明对于输出总磷、颗粒态磷、磷酸盐和氨氮浓度较高的降雨事件，这几种污染物的输出浓度变幅也较大。

降雨事件氮素的输出浓度同该降雨事件流量的大小并无很好的相关关系（图 4-9～图 4-11），降雨事件产生的流量响应越大，并不能对应着输出氮素的浓度越大或越小。氮素的输出浓度更易受到流域氮素含量的影响，若降雨事件发生前流域内进行了施肥（如 060622、060623、060624 降雨事件），即使降水量不大、径流响应也不大，但是氮素输出浓度却很高。从图 4-12 可以看出，当降雨事件产生较大的流量响应时，对应的总磷输出浓度也较大。对比各降雨事件氮素与磷素输出负荷与平均流量可以发现，两者具有较好的线性正相关关系，流量越大，氮磷的输出负荷也越大（图 4-16），次降雨事件总磷和总氮的输出负荷同流域出口平均流量的线性相关系数的平方达到了 0.9574 与 0.9664，流域出口平均流量与氨氮、硝氮和磷酸盐的输出负荷线性相关系数的平方也达到了 0.8637、0.7973 和 0.8507。不同降雨事件颗粒态磷输出负荷数据较少，不足以证明同流量的相关关系，但是发现颗粒态磷输出负荷同降水量的相关关系好于同流量的相关关系，而其他氮磷营养物质则没有这一特点，均为营养物质输出负荷同输出流量的相关关系好于同降水量的相关关系。颗粒态磷主要附着在泥沙颗粒上并随之迁移，梅林

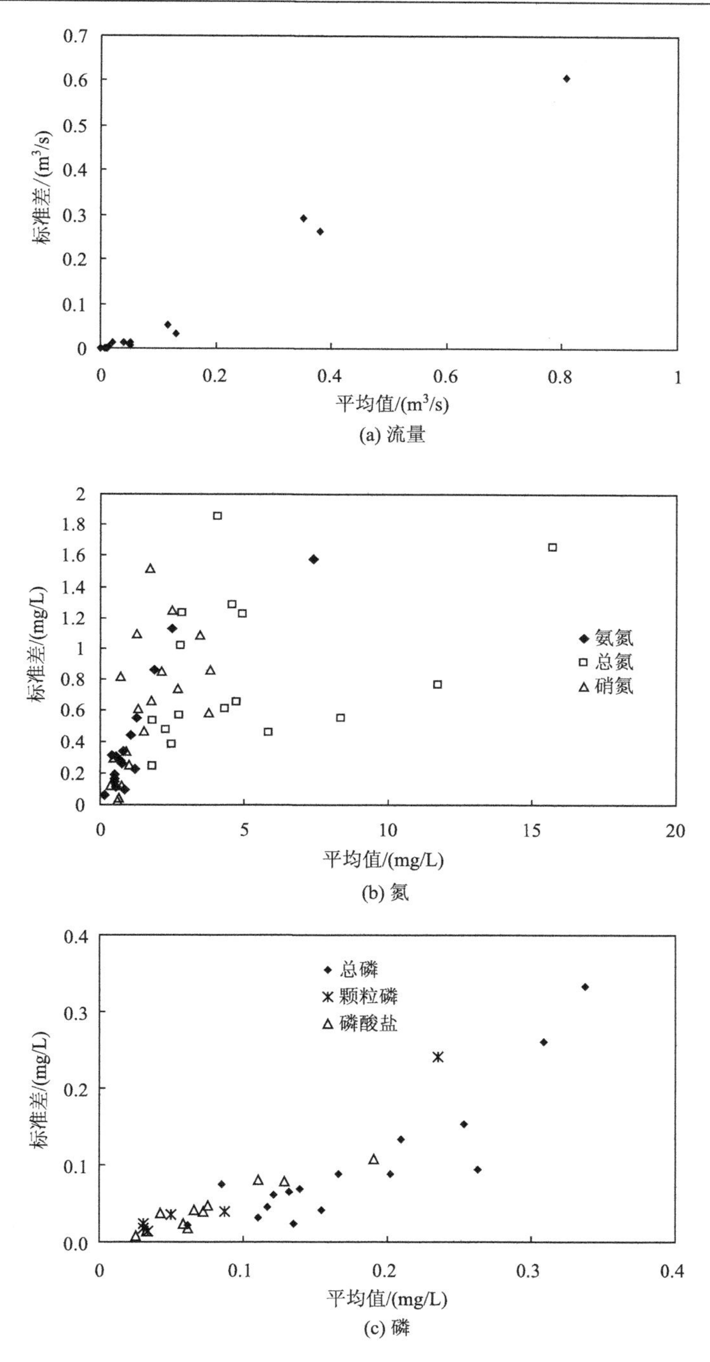

图4-15 梅林流域各降雨事件平均流量与其标准差及氮磷输出平均浓度与其标准差的相关关系

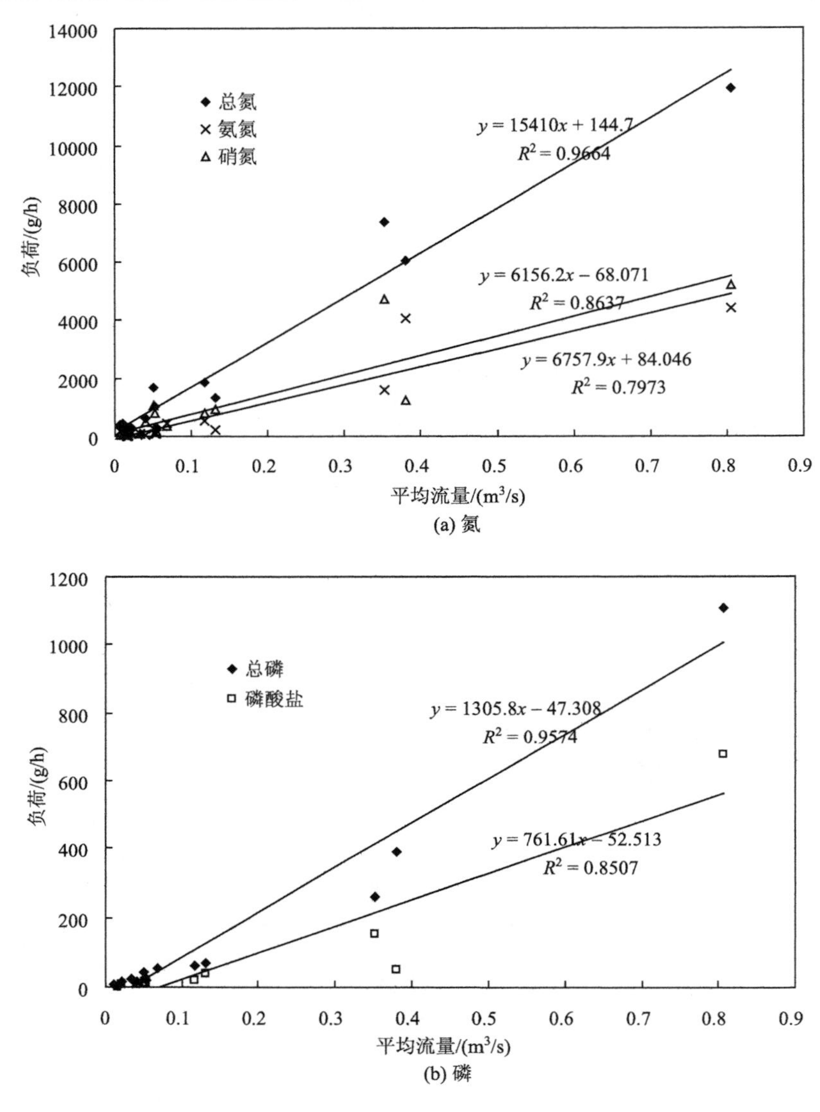

图 4-16　梅林流域出口各降雨事件平均流量与氮磷输出负荷的相关关系

流域植被覆盖好且土壤较为紧实，主要的产流方式为饱和带扩张引起的饱和径流，因此坡面流的侵蚀泥沙量有限，主要由于雨滴击溅地表，打碎大片土层，使其离散崩解，产生的地表径流进而起到输移这部分侵蚀泥沙的作用。因此降雨对流域内产生泥沙量有着重要的影响，主要随着侵蚀泥沙进行迁移的颗粒态磷也就跟降雨有着更为密切的关联。对比图 4-13 的 060705 与 070805 降雨事件，由于前期土壤含水率较高使 070805 降雨事件产生了比 060705 降雨事件更大的流量响应，但是比较两次降雨事件输出颗粒态磷的浓度与负荷可以发现，060705 降雨事件的输出要高出很多，因为其雨强与雨量较大，能够产生更多可供输移的泥沙量，070805 降雨事件虽然流量很大，但是较小的雨量不能产生很多可供输出的泥沙量。

4.3.3　梅林流域氮磷输出的季节规律研究

受到西太平洋副热带高压北上形成的“梅雨锋”以及太平洋上形成的热带气旋（即台风）的影响，梅林流域的雨季主要分布在 6～9 月。流域内气候温和、无霜期长，一年四季都有农业活动。通常水稻与小麦轮种，因此常在 6 月和 11 月施用基肥，在水稻与小麦的生长期内按需要进行追肥。菜地根据生长期的不同错开种植不同的蔬菜，一般为茄子、南瓜、大蒜、青菜等，因此在各个季节都有施肥。旱地通常种植玉米、油菜、花生等，在其生长期内根据需要进行施肥。而竹林、板栗林等区域需要的肥料量不大，大多只在 5 月或 6 月中施用一次基肥。

根据梅林流域的气候与农业活动，流域的春季、夏季、秋季和冬季分别定为 3～5 月、6～8 月、9～11 月及 12～次年 2 月。将 2003～2007 年收集的降雨事件按照其发生的时间归入各个季节，统计不同季节降雨事件的平均流量、施肥量、氮磷输出平均浓度与平均负荷（图 4-17）。

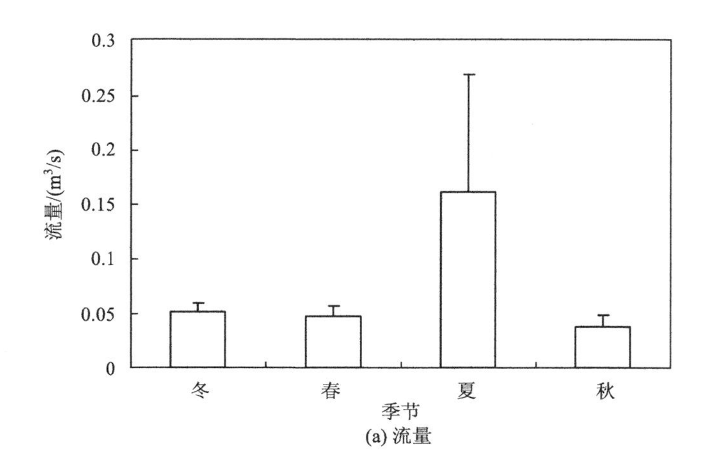

(a) 流量

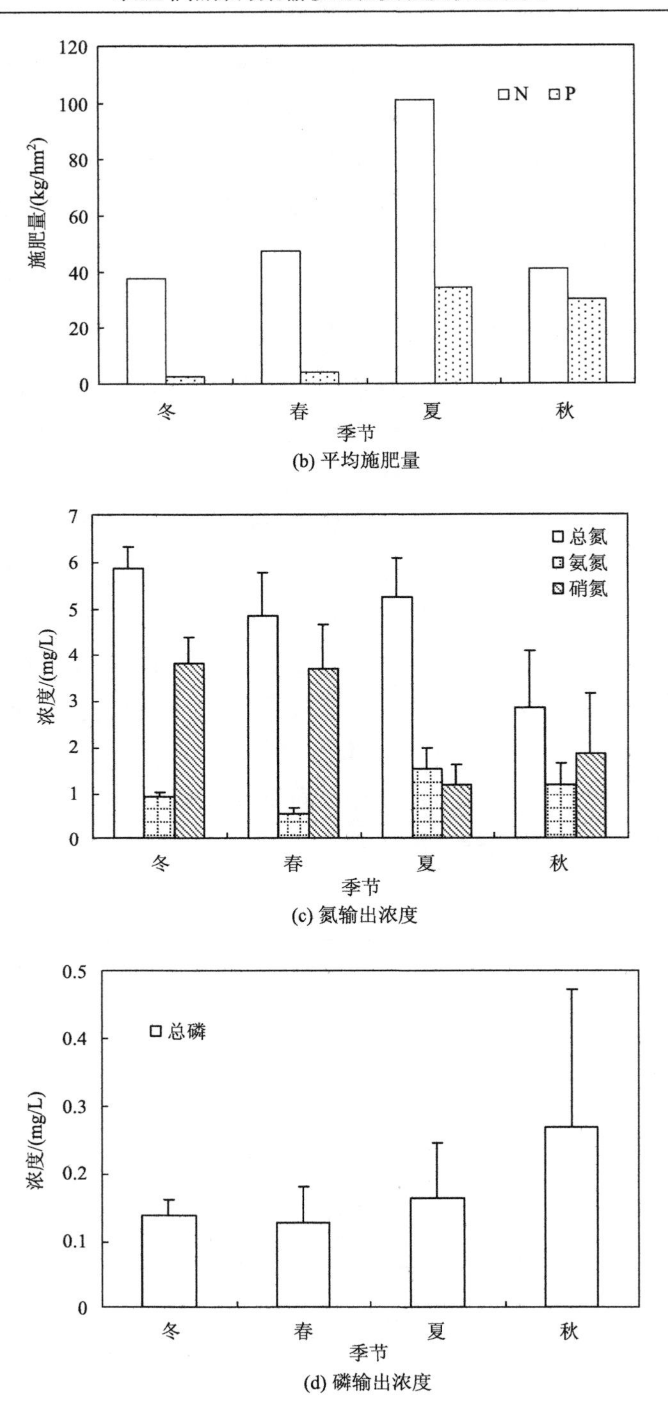

(b) 平均施肥量

(c) 氮输出浓度

(d) 磷输出浓度

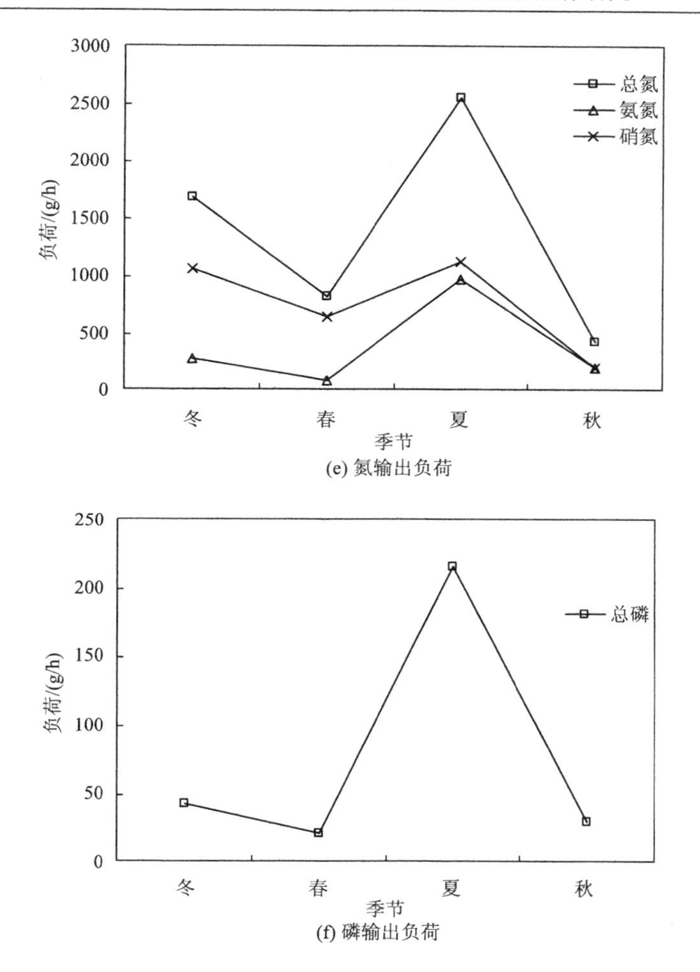

(e) 氮输出负荷

(f) 磷输出负荷

图 4-17　梅林流域降雨事件氮磷输出季节变化（误差线代表标准差）

从图 4-17（a）中可以看出，由于汛期暴雨比较集中，夏季的降雨事件输出流量最大，春季、秋季和冬季的平均输出流量相差不大。梅林流域虽然四季均有施肥，但是氮肥在夏季施用量较大，磷肥在夏季和秋季的施用量较大[图 4-17(b)]。

氮素的输出浓度在各个季节相差不大。虽然夏季流域内土壤施用氮肥较多，但是夏季平均流量较大，对输出的氮素起到了稀释作用，因此氮素输出浓度在夏季并不比其他季节高。由于氮素输出受到流域内氮平衡的影响，夏季较密集的降雨事件输出了流域内较多的氮，流域内的储存氮量减少，因此秋季的降雨事件输出的氮素浓度较小；冬季的降雨事件输出的氮素包括秋末与冬季的施肥增加的流域氮素含量，因此浓度较高[图 4-17（c）]。由图 4-17（c）还可以看出，不同季节输出氮素成分的不同，冬季和春季输出氮素以硝氮为主，而夏季氨氮输出浓度略高于硝氮输出浓度，秋季硝氮输出浓度略高于氨氮输出浓度。如前所述，夏季施肥较多且多为氨肥，造成氨氮输出浓度升高，在接下来的秋季、冬季、春季，施肥量不如夏季，并且降雨事件也不如夏季密集，氨氮通过硝化作用不断转化，因此输出的硝氮浓度比例不断增加。另外，夏季氨氮与硝氮占总氮输出浓度的比例也较其他三个季节低，因为亚硝氮输出浓度很低，假设氨氮与硝氮输出浓度之和代表无机氮，那么说明夏季的大暴雨事件输出了较其他季节降雨事件更多的有机氮。由于夏季流量响应大，夏季输出的总氮负荷最大，春季、秋季输出的总氮负荷较小。氨氮的输出负荷在夏季最大，其他季节输出负荷均较小。硝氮输出负荷的季节变化不如总氮与氨氮幅度大，表现出夏季与冬季较大，秋季最小的趋势[图 4-17（e）]。

夏季和秋季流域内施用磷肥量较大，因此这两个季节出口处输出的磷浓度也比其他两个季节大；夏季的高降水量造成高流量响应，因此夏季的磷输出浓度低于秋季[图 4-17（d）]。从输出负荷角度比较，夏季磷输出负荷大大高于其他季节的磷输出负荷[图 4-17（f）]。

4.3.4 梅林流域不同径流成分输出氮磷规律

梅林流域属于湿润地区，植被覆盖良好，在降雨事件中地下水与土壤水对出口流量有较大比例的贡献，通常情况下，水量贡献比例可以达到 50%～90%[130-132,184-186]。为研究不同径流成分对于污染物输出是否有影响，出口流量需要划分为基流（包括地下径流和慢速壤中流[187]）与地表径流。本书中对基流的分割采用斜线分割法，梅林流域包气带较薄，雨时浅层地下水补给量较大，采用斜线分割基流，即流量过程线的洪峰起涨点至退水段转折点，以直线相连（图 4-18）。B 段的采样点即代表基流输出的营养物质量，S 段的采样点则主要代表了地表径流输出的营养物质量。

2003～2007 年的每场降雨事件按照图 4-18 所示，划分出基流段与地表径流段，以在基流段采集的水样分析得到的氮磷浓度代表基流输出氮磷浓度，同样以地表径流段水样分析得到的氮磷浓度代表地表径流输出的氮磷浓度。统计总径流、基流、地表径流输出流量、氮磷浓度的频率分布，得到图 4-19～图 4-24，图中的柱状图表示不同数值出现次数，带点曲线图表示小于某数值的出现频率。由于颗粒态磷、亚硝酸盐的采样数较少，不足以证明其频率分布，故未做频率曲线，但是为了便于比较，将它们浓度的统计特性一并总结在表 4-5 中。

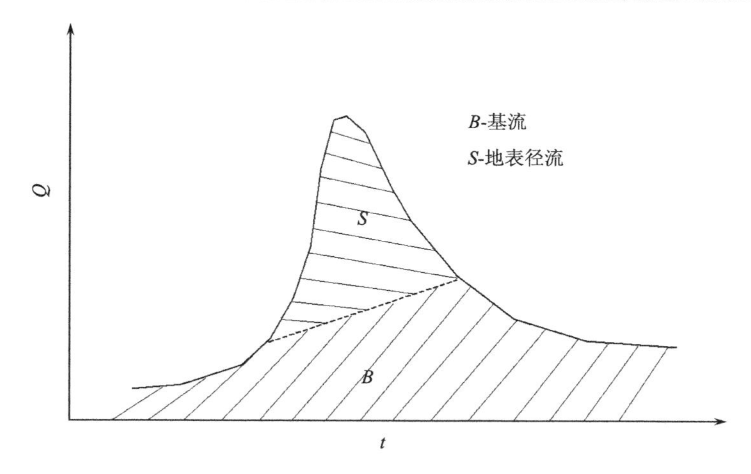

图 4-18　采样点位置与其代表水流成分示意图

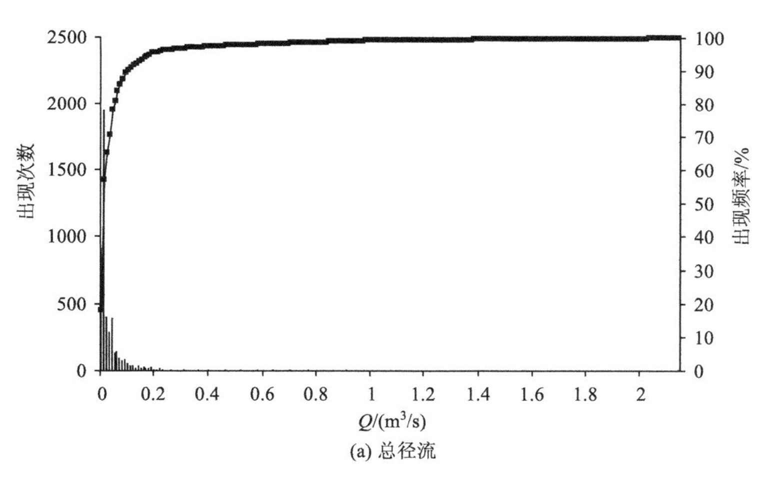

(a) 总径流

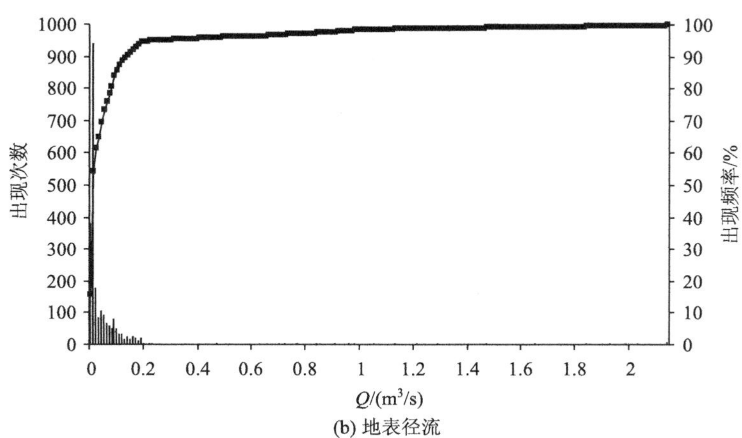

(b) 地表径流

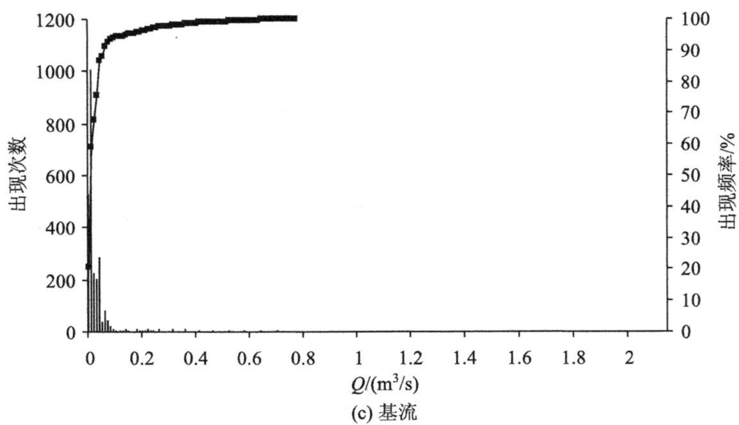

(c) 基流

图 4-19　梅林流域不同径流成分流量频率曲线

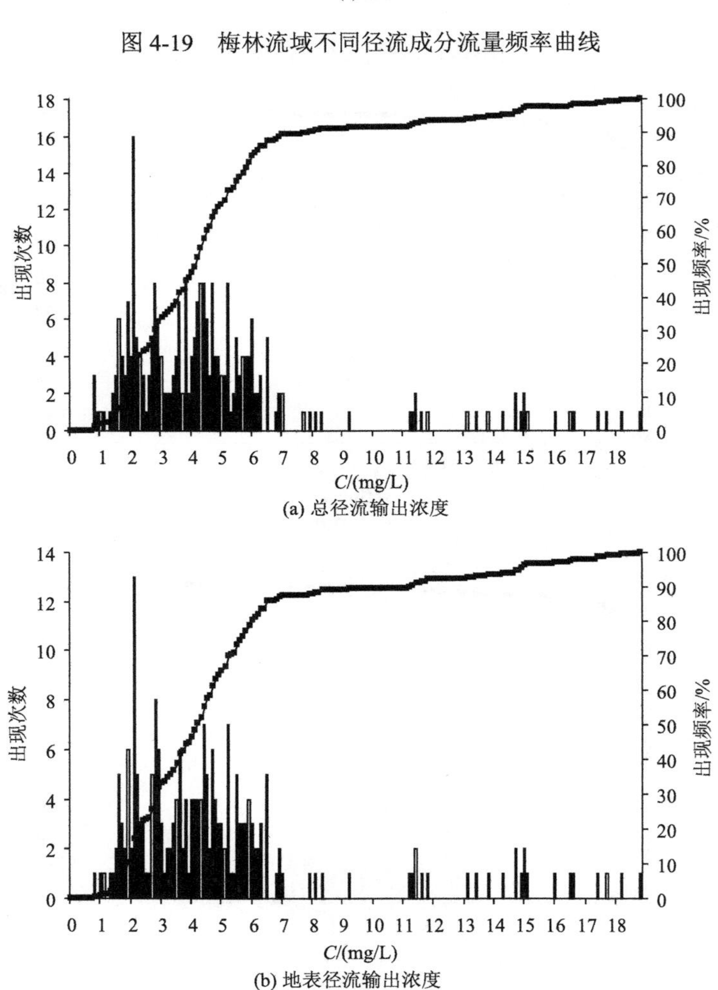

(a) 总径流输出浓度

(b) 地表径流输出浓度

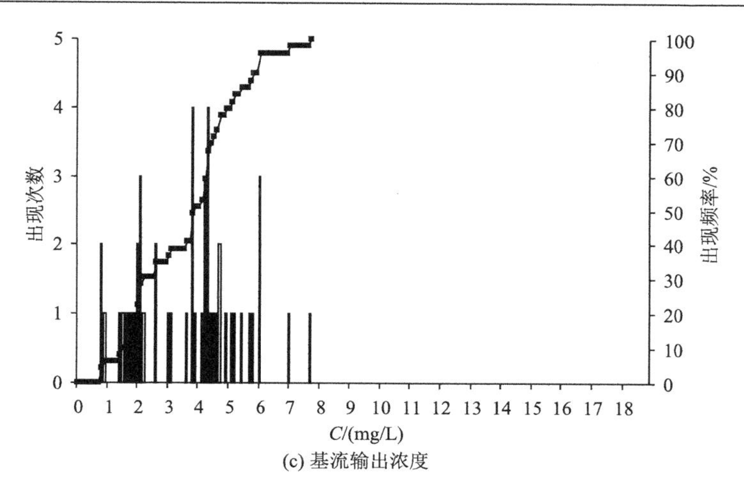

(c) 基流输出浓度

图 4-20　梅林流域不同径流成分输出总氮浓度频率曲线

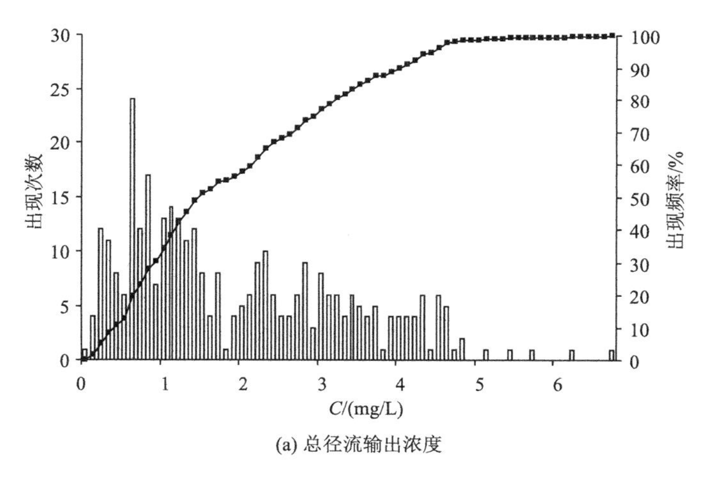

(a) 总径流输出浓度

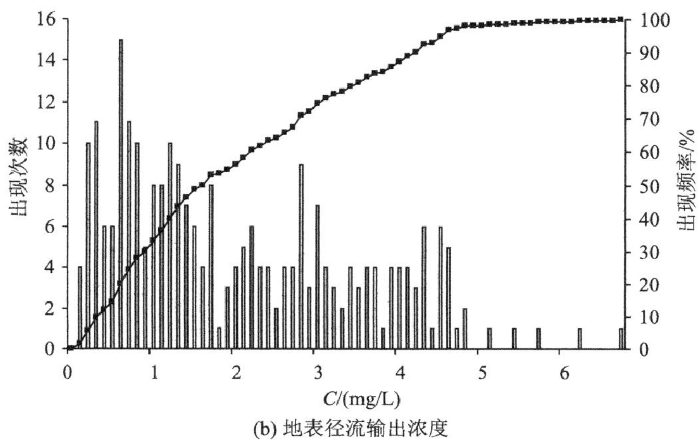

(b) 地表径流输出浓度

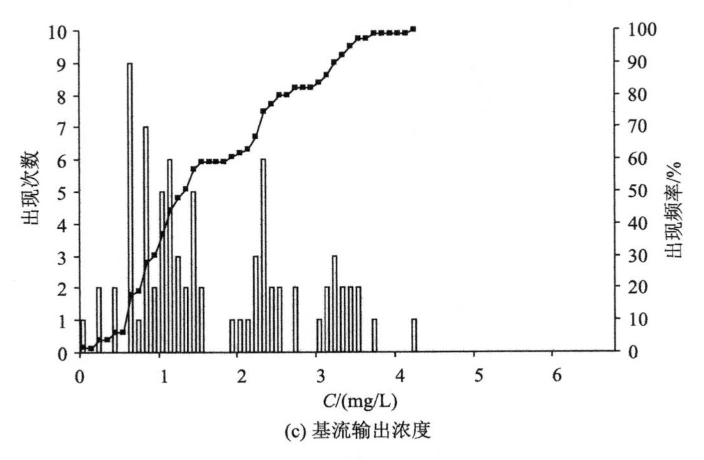

(c) 基流输出浓度

图 4-21　梅林流域不同径流成分输出硝氮浓度频率曲线

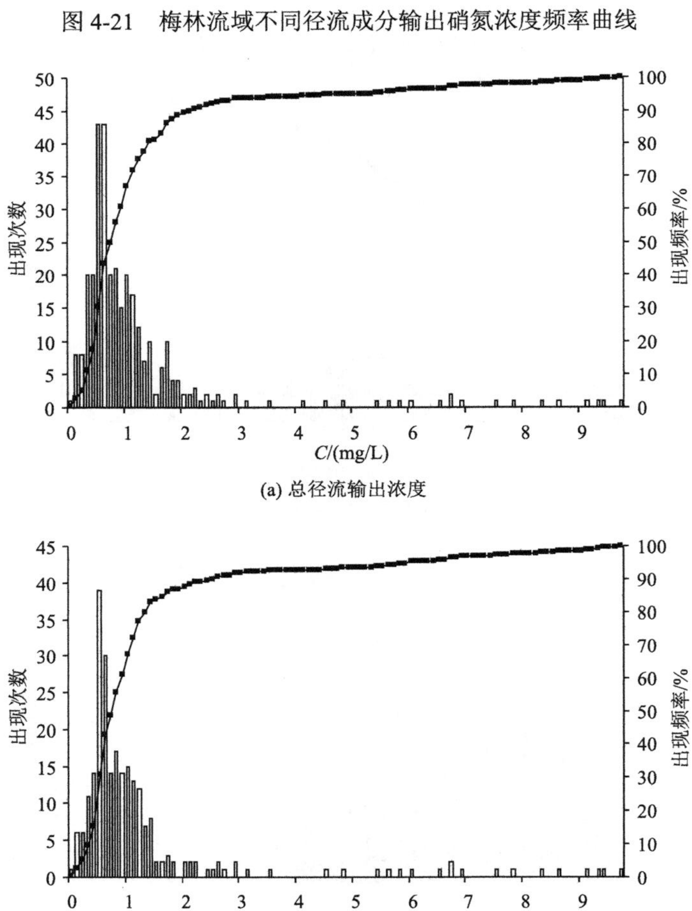

(a) 总径流输出浓度

(b) 地表径流输出浓度

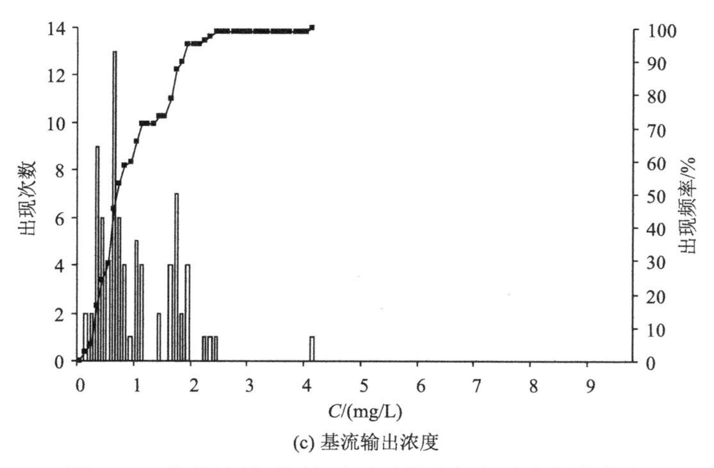

(c) 基流输出浓度

图 4-22　梅林流域不同径流成分输出氨氮浓度频率曲线

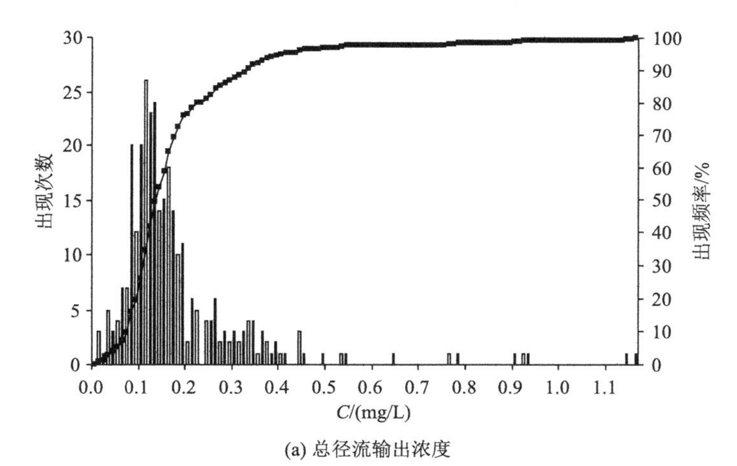

(a) 总径流输出浓度

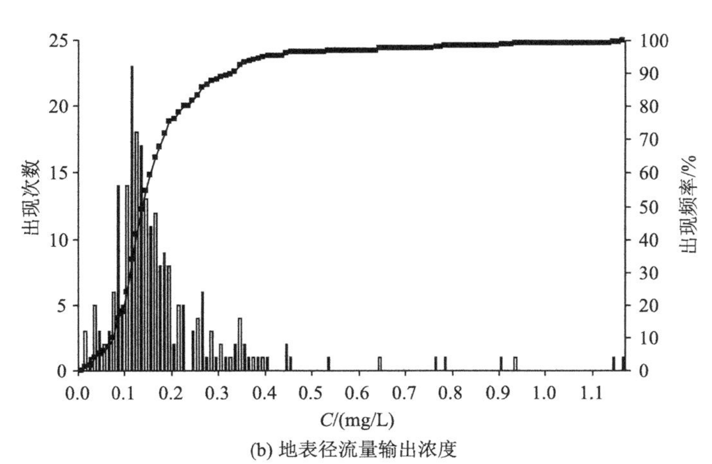

(b) 地表径流量输出浓度

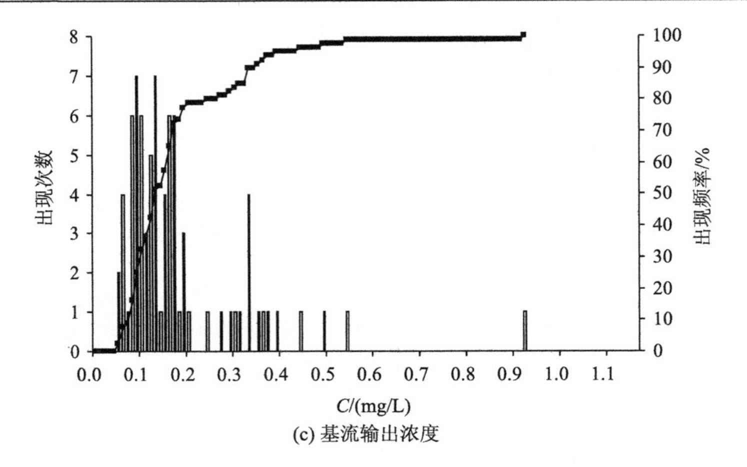

(c) 基流输出浓度

图 4-23　梅林流域不同径流成分输出总磷浓度频率曲线

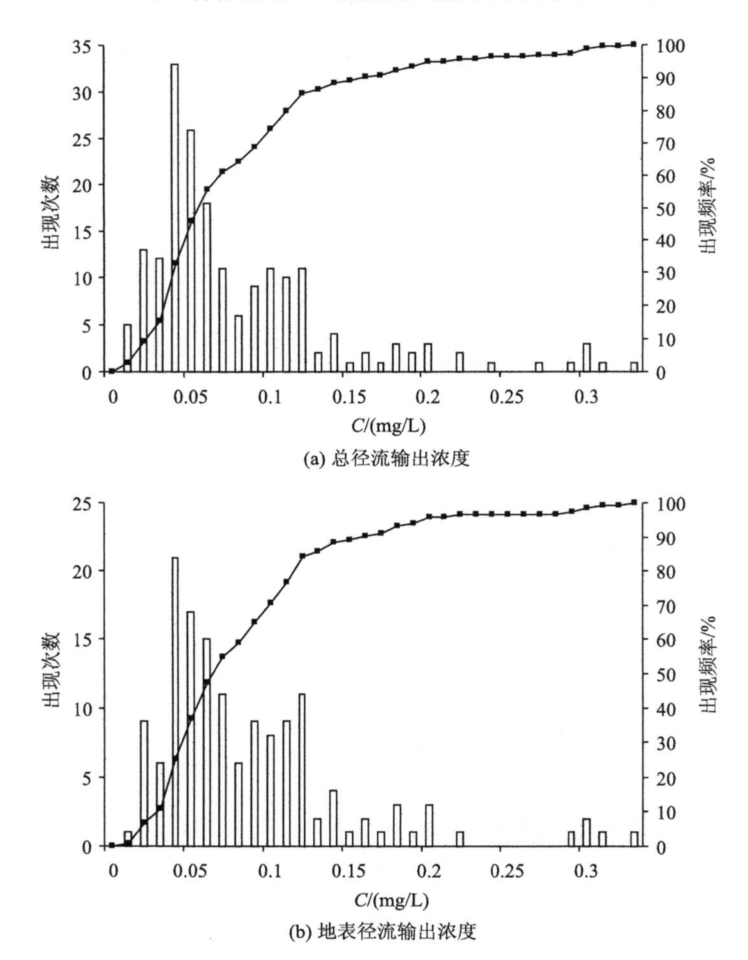

(a) 总径流输出浓度

(b) 地表径流输出浓度

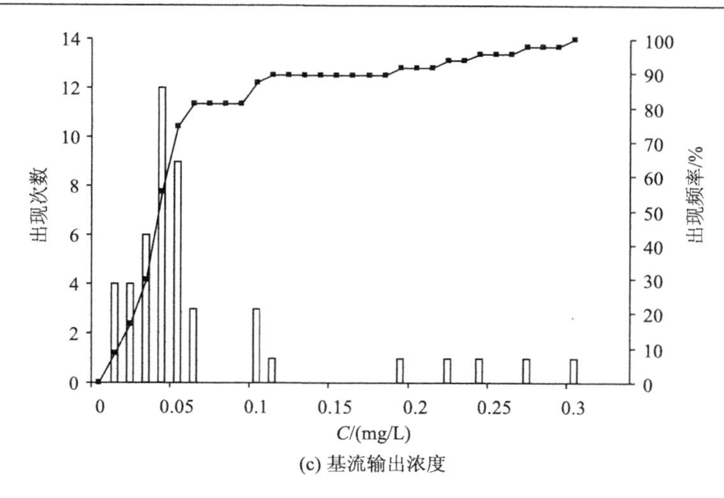

(c) 基流输出浓度

图 4-24　梅林流域不同径流成分输出磷酸盐浓度频率曲线

梅林流域面积较小，流域出口流量不大。虽然最大流量达到过 2.14 m^3/s，但是 90%概率下总径流量、地表径流量与基流量分别小于 0.1 m^3/s、0.14 m^3/s、0.06 m^3/s（图 4-19）。同流量的分布相比，总氮浓度的分布较为分散，主要集中在 1.5～6 mg/L 的浓度范围内。地表径流比基流输出的总氮浓度略高，浓度平均值与中位数分别为 5.04 mg/L 和 3.68 mg/L、4.19 mg/L 和 3.85 mg/L（图 4-20）。总径流、地表径流、基流 90%概率下输出的总氮浓度分别小于 7.83 mg/L、11.2 mg/L、5.9 mg/L，大大高于《地表水环境质量标准》（GB 3838—2002）V 类水的限值 2 mg/L，总径流中总氮浓度达到 2 mg/L 的概率仅为 13.4%。另外，对比表 4-5 可以发现，亚硝氮输出浓度很低，占总氮输出浓度的比例很小，并且地表径流输出总氮、硝氮、氨氮、亚硝氮浓度的变异性大于基流输出这些氮素浓度的变异性。

硝氮浓度的分布也比较分散，主要分布在 0.5～4.5 mg/L 的浓度范围内。总径流、地表径流、基流 90%概率下输出的硝氮浓度分别小于 4.0 mg/L、4.2 mg/L、3.23 mg/L，地表径流比基流输出的硝氮浓度略高，浓度平均值与中位数分别为 2.03 mg/L 和 1.66 mg/L、1.6 mg/L 和 1.28 mg/L（图 4-21）。同流量的近似对数正态分布相比，氨氮浓度的分布接近正态分布，并且氨氮浓度的分布同总氮、硝氮浓度的分布明显不同，比较集中，主要发生在 0.5～1.2 mg/L 的浓度范围。总径流、地表径流、基流 90%概率下输出的氨氮浓度分别小于 2.12 mg/L、2.52 mg/L、1.84 mg/L，地表径流比基流输出的氨氮浓度略高，浓度平均值与中位数分别为 1.32 mg/L 和 0.97 mg/L、0.72 mg/L 和 0.66 mg/L（图 4-22）。根据《地表水环境质量标准》（GB 3838

—2002）V类水的氨氮浓度限值2 mg/L，总径流中氨氮浓度达标的概率为89.33%。

总磷的浓度分布接近正态分布，主要发生在0.08～0.19 mg/L的浓度范围内，总径流、地表径流、基流 90%概率下输出的总磷浓度分别小于 0.33 mg/L、0.32 mg/L、0.33 mg/L，地表径流同基流输出的总磷浓度相差很小（图4-23）。根据《地表水环境质量标准》（GB 3838—2002）V类水的总磷浓度限值0.4 mg/L，总径流中总磷浓度达标的概率为 94.89%。磷酸盐的浓度分布与总磷相比分散一些，总径流、地表径流、基流90%概率下输出的磷酸盐浓度分别小于0.16 mg/L、0.16 mg/L、0.18 mg/L，同样地表径流同基流输出的磷酸盐浓度相差不大（图4-24）。从表4-5的统计数据还可以看出，地表径流比基流输出的悬浮态磷浓度高，输出浓度平均值与中位数分别为 0.11 mg/L 和 0.06 mg/L、0.05 mg/L 和 0.04 mg/L，并且地表径流采样浓度的变异性大大高于基流采样浓度的变异性，标准差为0.17 mg/L和0.07 mg/L。

表4-5　流量与不同径流成分氮磷浓度的统计特征

水源	统计特性	Q /（m^3/s）	TN /（mg/L）	NO_3-N /（mg/L）	NH_3-N /（mg/L）	NO_2-N /（mg/L）	TP /（mg/L）	PO_4-P /（mg/L）	SP /（mg/L）
总径流	x	0.058	4.79	1.95	1.24	0.27	0.18	0.08	0.10
	sd	0.182	3.45	1.38	1.59	0.47	0.15	0.06	0.15
	m	0.011	4.13	1.46	0.70	0.05	0.13	0.05	0.04
	qr	0.035	2.91	2.19	0.73	0.20	0.09	0.06	0.09
地表径流	x	0.084	5.04	2.03	1.32	0.31	0.18	0.09	0.11
	sd	0.248	3.69	1.46	1.78	0.51	0.16	0.06	0.17
	m	0.011	4.19	1.60	0.72	0.06	0.13	0.06	0.05
	qr	0.055	2.97	2.31	0.69	0.30	0.10	0.07	0.10
基流	x	0.034	3.68	1.66	0.97	0.35	0.18	0.06	0.06
	sd	0.076	1.67	1.03	0.69	0.33	0.14	0.07	0.07
	m	0.011	3.85	1.28	0.66	0.04	0.13	0.04	0.04
	qr	0.028	2.60	1.54	1.04	0.03	0.10	0.02	0.07

注：x为平均值；sd为标准差；m为中位数；qr为概率为75%与25%的数值之差定义的四分位范围。

4.4　不同土地利用氮磷输出规律研究

不同的土地利用、不同的地形影响着产流过程以及营养物质的输出过程[187-190]，本书在梅林流域内设置不同土地利用类型的实验小区用以分析降雨过程中不同植被土壤的污染物输出机制。梅林流域以蓄满产流机制为主（水分饱和带在降雨过程中的扩张）、超渗产流机制为辅，壤中流对流域的输出流量过程有着较大的贡献，因此在梅林流域的实验小区不容易收集到各个小区的地表产流和氮磷输出过程，只有在较大降水量的事件中才可以采集到小区的产流产污过程。图 4-25～图 4-28 为梅林流域 2006 年 7 月 19 日、2006 年 7 月 22 日和 2007 年 7 月 10 日降雨事件中各径流小区的流量与氮磷输出特性。为了与流域出口的产流和氮磷输出特性进行比较，同时显示的还有 2006 年 7 月 19 日和 2007 年 7 月 10 日两次降雨事件流域出口处的水量水质数据，其中出口的流量单位为 m^3/s。

从图中可以看出，菜地小区在降雨事件中的产流系数较小，但是氮磷的输出浓度却大大高于其他径流小区[图 4-25（a）～图 4-28（a）]，因此菜地的污染物输出负荷也较高，这与菜地的施肥量较大有直接关系。由于竹林的植被覆盖较好，施肥量最小，竹林输出的氮磷浓度和负荷小于其他径流小区。出口处的氮磷输出负荷总是小于各小区的氮磷输出负荷[图 4-25（c）～图 4-28（c）]，说明流域对氮磷随地表径流的输移有缓冲作用。氮磷的流量加权平均浓度并未显著地高于或低于平均浓度，说明高浓度氮磷输出的发生并不一定对应着高流量或低流量。

菜地、旱地、板栗林、竹林、杨家山小区输出的总氮浓度分别在 12.7～17.5 mg/L、4.7～7.4 mg/L、4.5～5.6 mg/L、2.4～3.7 mg/L、2.8～4.3 mg/L 的浓度范围内，其中菜地实验小区输出的总氮浓度是其他径流小区的 2.5 倍以上（图 4-25）。2006 年两次降雨事件各个径流小区输出的氨氮浓度总体大于 2007 年降雨事件各小区输出的氨氮浓度。菜地、旱地、板栗林、竹林、杨家山小区输出的氨氮分别在 1.4～5.1 mg/L、0.5～3.4 mg/L、2.2～3.7 mg/L（070710 降雨事件缺测）、0.2～1.4 mg/L、0.7～1.9 mg/L 的浓度范围内（图 4-26）。070710 降雨事件各径流小区输出的硝氮浓度整体上略高于 2006 年两次降雨事件各小区输出的硝氮浓度，尤其是菜地输出的硝氮浓度较高（图 4-27）。菜地、旱地、板栗林、竹林、杨家山小区输出的总磷浓度分别在 1.8～3.0 mg/L、0.1～0.7 mg/L、0.5～0.8 mg/L、0.1～0.2 mg/L、0.1～0.3 mg/L 的浓度范围内，其中菜地输出的总磷浓度比其他径流小区大得多（图 4-28）。

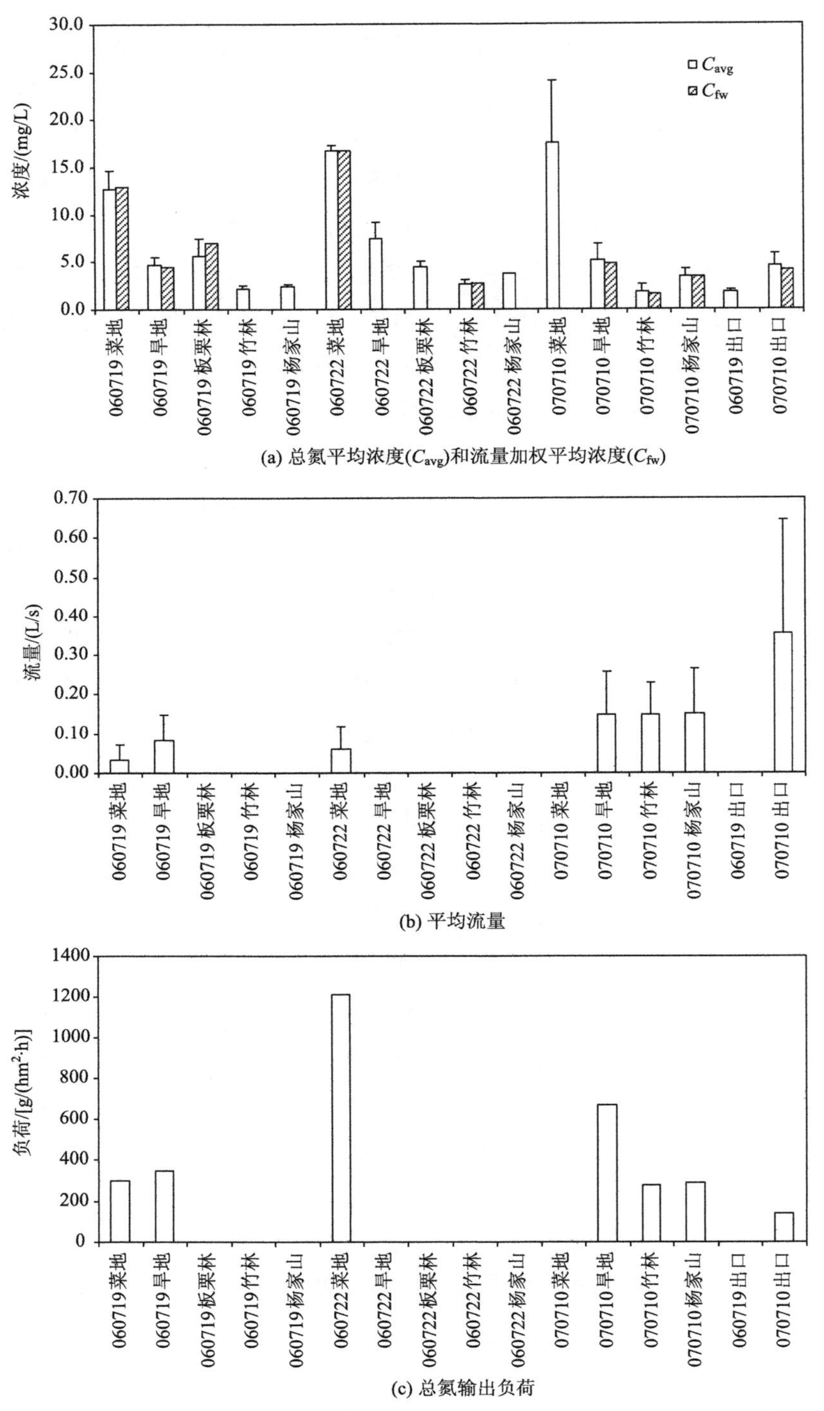

(a) 总氮平均浓度(C_{avg})和流量加权平均浓度(C_{fw})

(b) 平均流量

(c) 总氮输出负荷

图 4-25　不同降雨事件梅林流域实验小区总氮输出（误差线代表标准差）

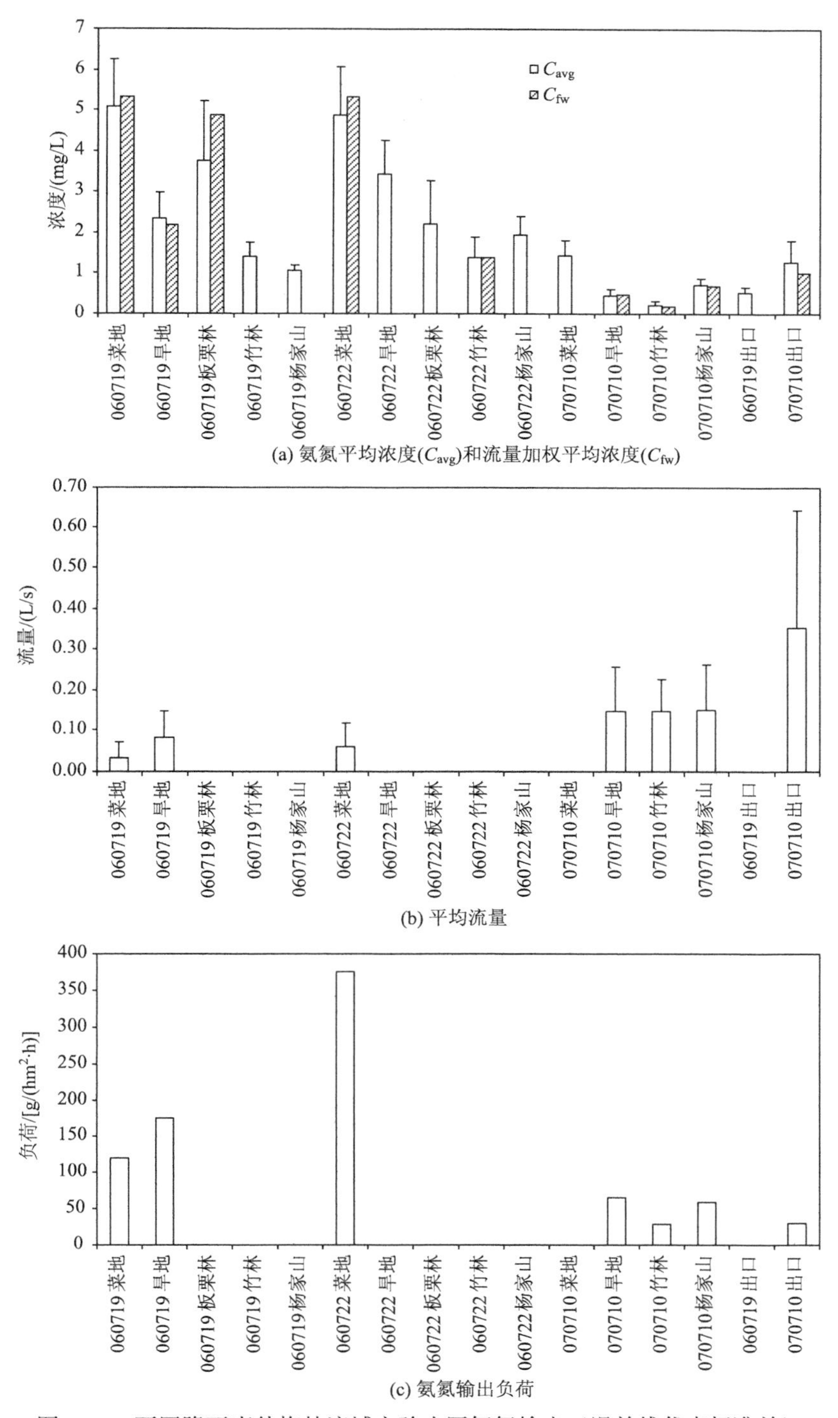

图 4-26　不同降雨事件梅林流域实验小区氨氮输出（误差线代表标准差）

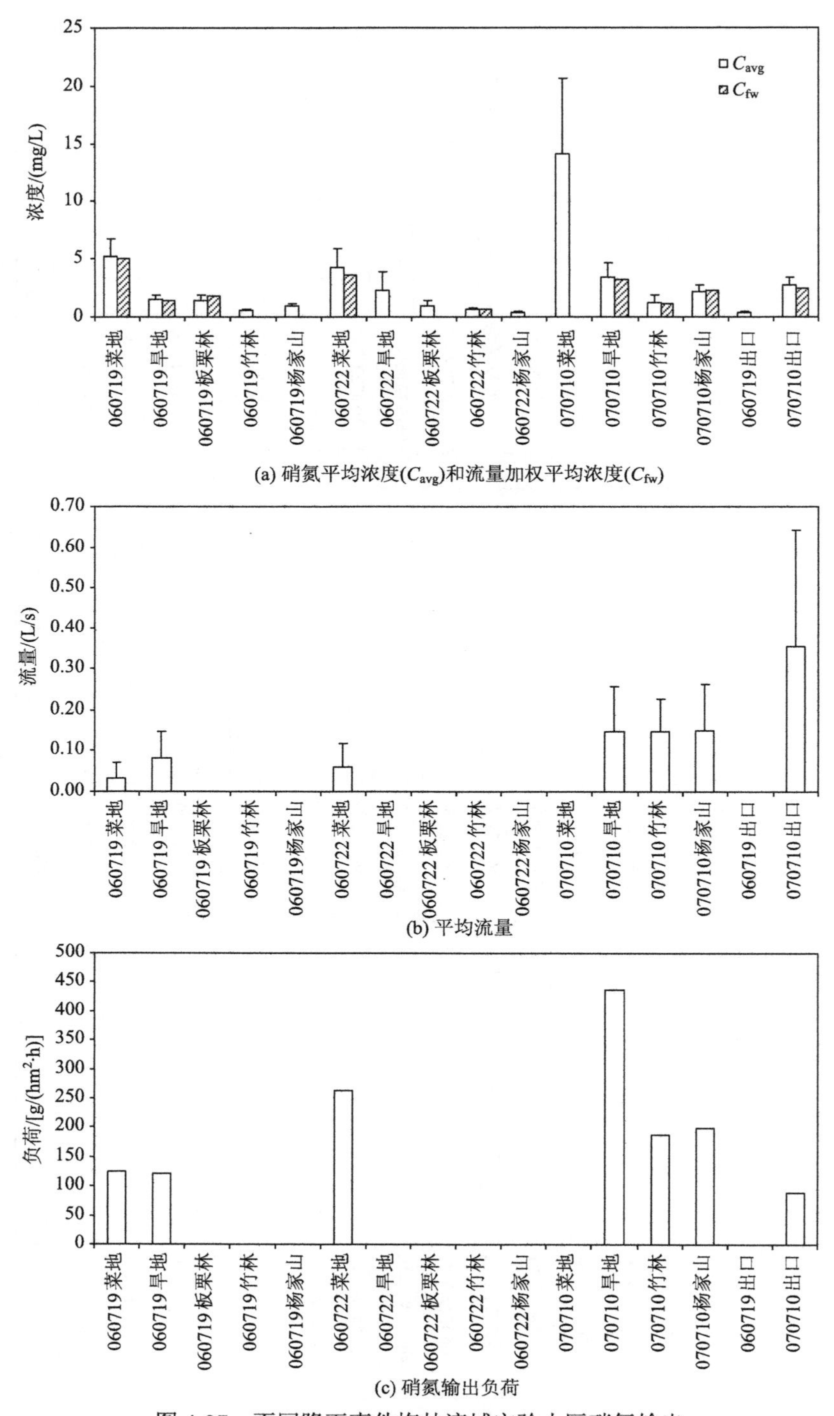

(a) 硝氮平均浓度(C_{avg})和流量加权平均浓度(C_{fw})

(b) 平均流量

(c) 硝氮输出负荷

图 4-27　不同降雨事件梅林流域实验小区硝氮输出

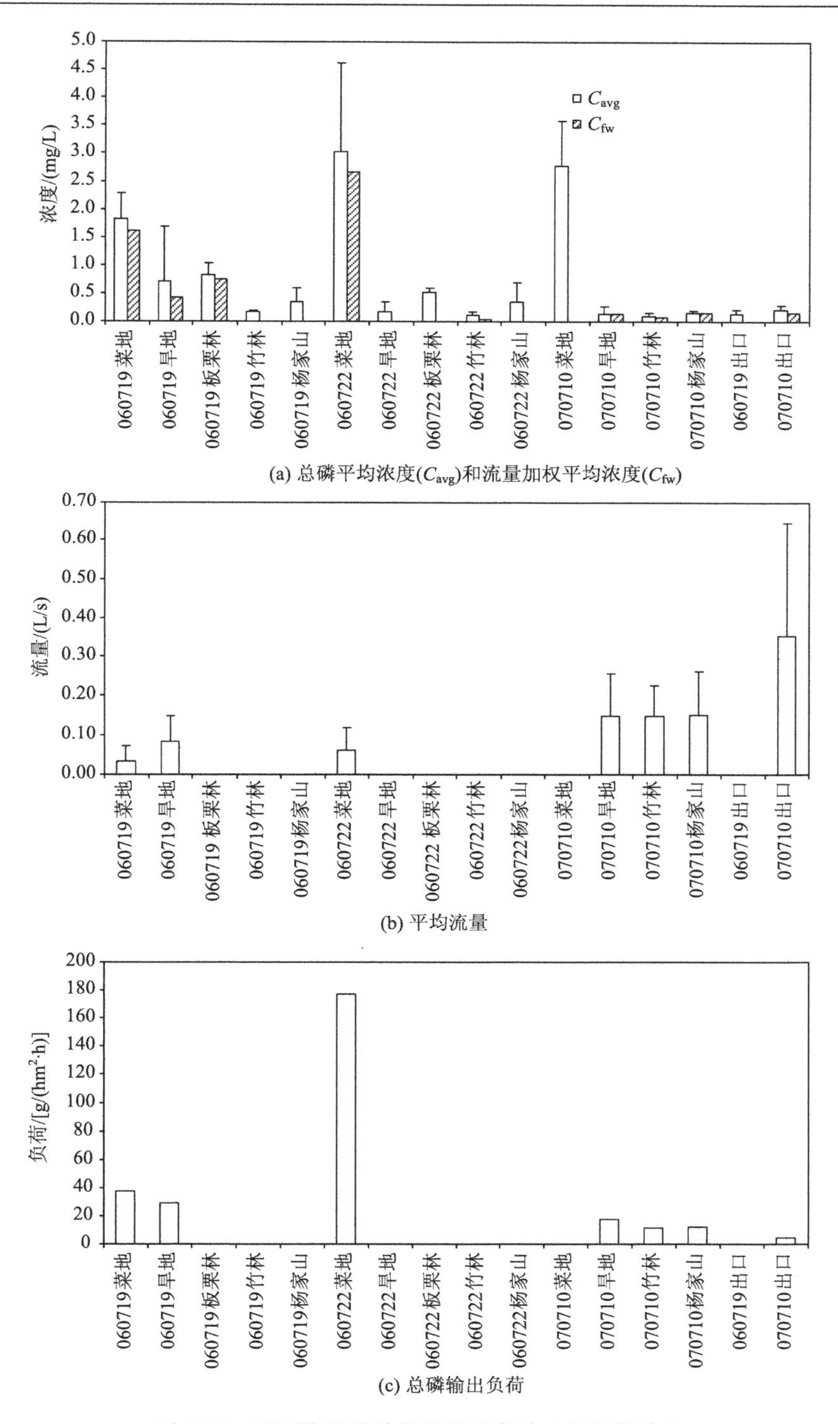

(a) 总磷平均浓度(C_{avg})和流量加权平均浓度(C_{fw})

(b) 平均流量

(c) 总磷输出负荷

图 4-28　不同降雨事件梅林流域实验小区总磷输出

4.5　地下水中氮磷浓度时空变化规律研究

如前所述，梅林流域的地下水对出口流量有较大贡献（3.1 节），采用斜线分割法将流域出口流量过程线分为基流与地表径流，假定在基流段的采样代表基流输出的氮磷浓度，否则代表地表径流输出的氮磷浓度，结果表明地表径流输出的氮素及颗粒态磷浓度高于基流的输出浓度，而地表径流与基流输出的总磷与磷酸盐浓度相差不大（4.3.4 节）。为了解流域内地下水氮磷浓度的时空变化，研究地下水氮磷浓度的影响因子，根据流域内各地下水观测井（图 3-2）的地下水位与氮磷浓度的变化情况得到图 4-29～图 4-33。

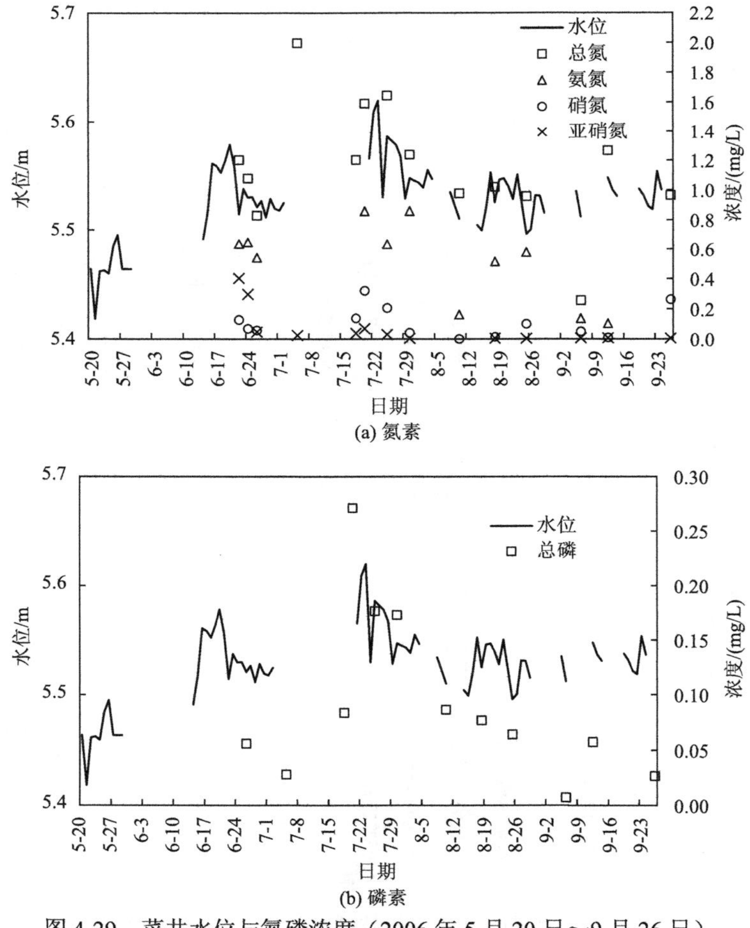

图 4-29　菜井水位与氮磷浓度（2006 年 5 月 20 日～9 月 26 日）

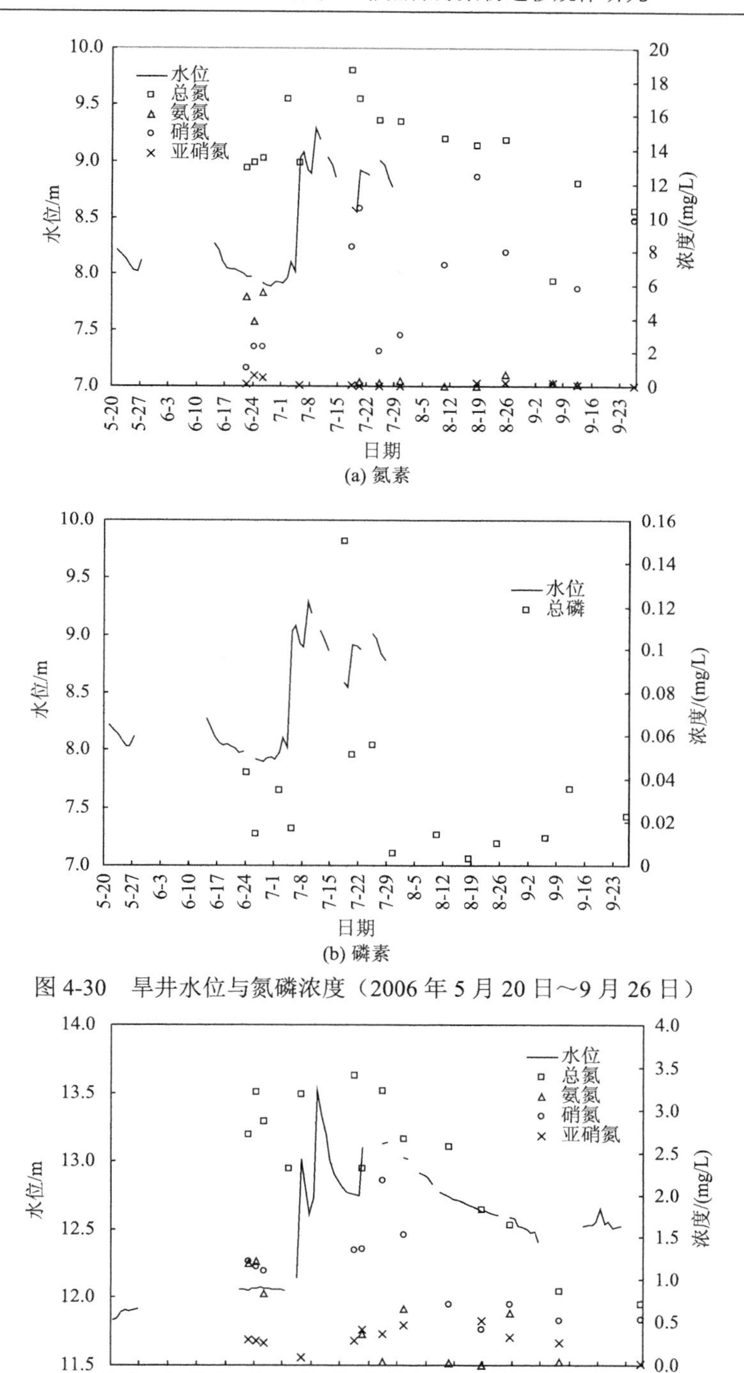

(a) 氮素

(b) 磷素

图4-30　旱井水位与氮磷浓度（2006年5月20日～9月26日）

(a) 氮素

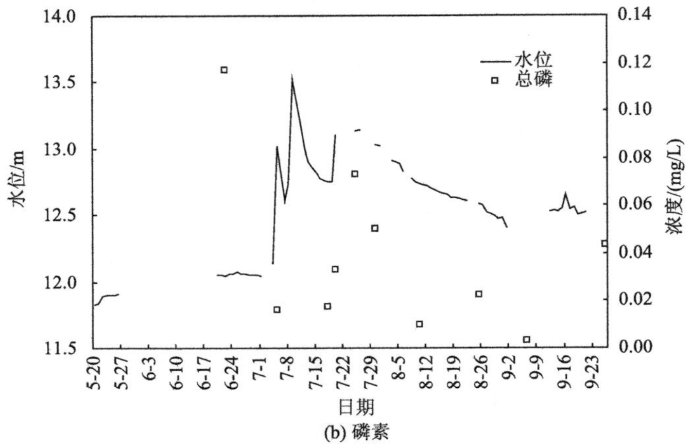

图 4-31　板井水位与氮磷浓度（2006 年 5 月 20 日～9 月 26 日）

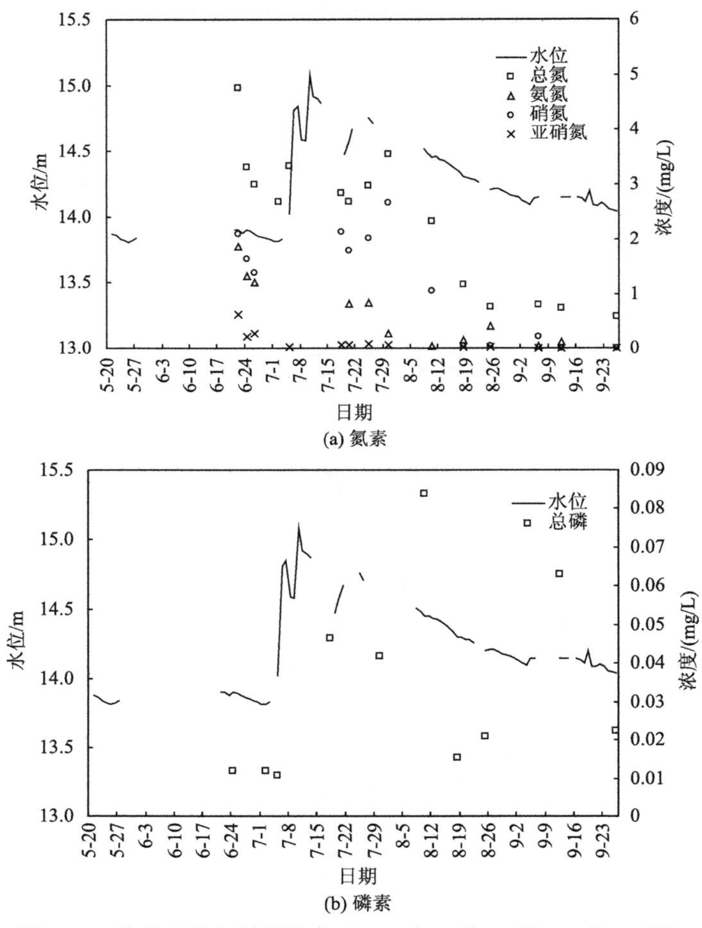

图 4-32　竹井水位与氮磷浓度（2006 年 5 月 20 日～9 月 26 日）

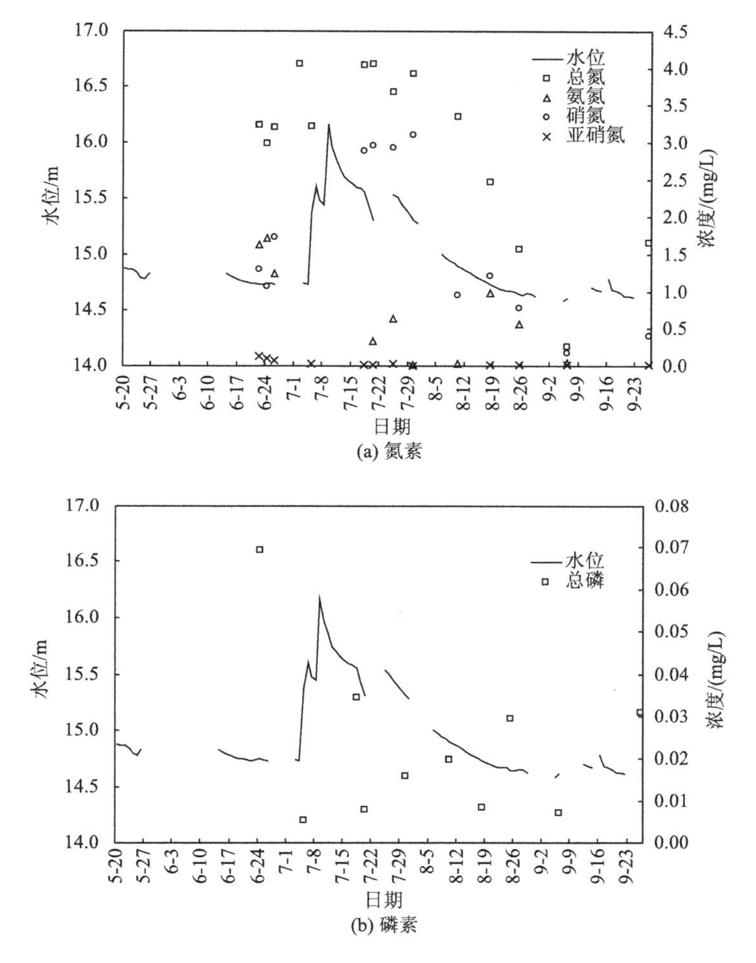

(a) 氮素

(b) 磷素

图 4-33　杨井水位与氮磷浓度（2006 年 5 月 20 日～9 月 26 日）

图 4-29～图 4-33 为梅林流域 2006 年汛期地下水位变动及氮磷浓度变化过程，降雨与地下水位的对应情况参见图 3-2。2006 年梅林流域的降雨主要集中在 6 月末至 8 月初，8 月中至 9 月末的降雨事件虽然较多但雨量较小，因此各地下水观测井自 7 月初就保持在较高水位。由于菜井位于流域出口处，观测水位的上下波动很快，但是波动幅度不大，旱井、板井、竹井、杨井的水位变化规律与菜井明显不同，受到降雨事件的影响更大一些，如 7 月频繁的大雨量降雨事件使这几口井都在 7 月观测到了明显的峰值过程。

表 4-6 列出了各观测井在 2006 年 5 月 20 日～9 月 26 日这段时期内地下水氮磷含量的最大值、最小值和平均值。旱井中地下水总氮、氨氮、硝氮浓度大大高

于其他四个观测井的地下水氮素浓度，菜井地下水总氮、氨氮、硝氮浓度最小，板井、竹井、杨井地下水氮素浓度相差不大。6～8 月是水稻施肥的主要时期，同时 6 月也是旱地施肥的时间，旱井所在地点上游为大片水稻，并且旱井所处位置地势较低，属于水流汇集点，因此地下水氮浓度较高。另外，虽然菜地实验小区地表径流输出的氮素浓度是最高的，但菜井中氮含量尤其是硝氮浓度偏低，说明氮素在随地下水汇流过程中输移浓度降低。而地下水总磷的浓度变化则表现出富集的特点，随着各观测井距离出口位置由远至近，地下水中总磷浓度也由小到大变化，即菜井>旱井>板井>竹井>杨井。

表 4-6　梅林流域地下水氮磷浓度统计特性（2006 年 5 月 20 日～9 月 26 日）　（单位：mg/L）

地点	项目	C_{max}	C_{min}	C_{ave}
菜井	总氮	1.997	0.256	1.159
	氨氮	0.859	0.104	0.515
	硝氮	0.320	0.009	0.116
	总磷	0.271	0.007	0.092
旱井	总氮	18.69	6.216	13.93
	氨氮	5.544	0.020	1.647
	硝氮	12.40	0.149	5.611
	总磷	0.150	0.003	0.043
板井	总氮	3.406	0.707	2.395
	氨氮	1.219	0.030	0.554
	硝氮	2.179	0.417	1.066
	总磷	0.117	0.003	0.039
竹井	总氮	4.765	0.591	2.361
	氨氮	1.858	0.040	0.642
	硝氮	2.658	0.032	1.368
	总磷	0.084	0.011	0.033
杨井	总氮	4.046	0.255	2.978
	氨氮	1.721	0.020	0.719
	硝氮	3.095	0.179	1.624
	总磷	0.069	0.005	0.023

地下水总氮主要组成同地表水一致：亚硝氮所占比例很小，不是氮输出的主要成分，硝氮与氨氮仍然是氮素输出的主要组分。菜井地下水氨氮浓度高于硝氮

浓度，其他观测井地下水的硝氮浓度均高于氨氮浓度。因为硝态氮易溶于水，且与土壤一样带有负电荷，所以更容易随着水流向下迁移，导致旱井、板井、竹井、杨井中的地下水硝氮浓度较高。菜井处地下水位保持在较高水平，接近地表，因此很容易接受土壤中的氨氮，如前面的分析，由于 2006 年 6～8 月流域内施用氨肥，加之降雨事件频繁，氨肥大量流失造成流域输出的主要氮素成分为氨氮。菜井地下水氮素与磷素浓度峰值出现在 7 月。旱井地下水总氮、总磷输出峰值出现在 7 月，硝氮浓度峰值出现在 8 月，氨氮浓度在 6 月较大。板井地下水总氮、硝氮输出峰值出现在 7 月，氨氮浓度变化较为平缓，总磷输出峰值出现在 6 月。竹井地下水总氮浓度峰值出现在 6 月，硝氮输出峰值出现在 7 月，氨氮浓度在 6 月较大，总磷输出峰值出现在 8 月。杨井地下水总氮、硝氮输出峰值出现在 7 月，氨氮浓度变化较为平缓，总磷输出峰值出现在 6 月。

第 5 章　典型山丘区农业非点源污染物随水文过程迁移规律定量化研究

随着经济的发展与城镇化进程的加快，太湖流域的耕地面积近年来不断减少，但是为了供给人口增长带来的粮食需求，流域内的耕地利用率保持在较高水平，并且化肥施用量很高，造成农业非点源污染物的输出负荷不断增大。同点源污染相比，农业非点源污染具有较大的随机性，它的产生与迁移受到多种因素的控制，包括水文过程、耕作方式、田间管理、土壤氮磷含量分布等。国内外许多学者根据非点源污染物在水–土界面的输移及在流域内的运移机理建立了一些经验性的（如氮磷平衡模型、输移系数法等）或者基于动力学的非点源输移定量化模型。经验性的非点源污染物运移模型原理简单，需要的参数较少，适用于较长时段内的氮磷输出模拟，但不能从机理角度真实地反映氮磷的输出过程。同经验模型相比，动力学模型机理性强，但结构复杂、参数繁多，并且需要较多生物、化学、水文等方面的资料，限制了模型的推广应用。

本章根据第 4 章观测实验展示的流域非点源污染物迁移转化规律，简化了氮磷在水–土界面与流域内的迁移转化动力学过程，并且以第 3 章建立的分布式水文模型为基础，构建一个需要输入较少、机理性较强的非点源输移定量化模型，描述氮磷在水–土界面与流域内的迁移转化过程，定量化研究农业非点源污染物输出的时空分布，从而为污染控制提供科学依据。计算结果表明，模型可较好地模拟土壤氮磷含量变化及降雨事件氮磷的迁移规律，具有一定的可靠性与实用性。

5.1　氮迁移转化模拟方法

土壤中的氮素主要包括腐殖质含有的有机氮、吸附于土壤颗粒上的无机氮及溶于土壤水中的无机氮。在本书中无机氮主要考虑硝氮与氨氮。由于 NH_4^+ 带正电荷，易于吸附在带负电荷的土壤颗粒表面，因此氨氮不易随着土壤溶液向下淋滤。

而 NO_3^- 能动性较高，容易随着土壤水运动，并且容易进入地下水。考虑以下几个土壤氮转化过程：矿化、固定、硝化、反硝化及氨的挥发，由此建立土壤总氮、硝氮、氨氮含量的平衡方程[191-197]。

某栅格土壤总氮含量的平衡方程为

$$N_{\text{stor}}(t_i) = N_{\text{stor}}(t_i - 1) + N_{\text{in}}(t_i) - N_{\text{pu}}(t_i) - N_{\text{dn}}(t_i) - N_{\text{v}}(t_i) - N_{\text{out}}(t_i - 1) \tag{5-1}$$

式中，t_i 为时间步长（d）；N_{stor} 为土壤中总氮储量；N_{in} 为输入氮量（施用有机肥与无机肥、大气沉降等）；N_{pu} 为植物吸收氮量；N_{dn} 为由于反硝化作用损失的氮量；N_{v} 为由于氨挥发损失的氮量；N_{out} 为由径流带走的氮量。式（5-1）中各变量的单位为 g/m^2。

式（5-1）中氮的大气沉降输入量与植物吸收量通过文献资料确定[198-206]。

某栅格土壤硝氮含量的平衡方程为

$$\text{NO}_{\text{stor}}(t_i) = \text{NO}_{\text{stor}}(t_i - 1) + \text{NO}_{\text{in}}(t_i) + N_{\text{n}}(t_i) + \text{NO}_{\text{m}}(t_i) - N_{\text{pu}}(t_i) - N_{\text{dn}}(t_i) - \text{NO}_{\text{out}}(t_i - 1) \tag{5-2}$$

式中，NO_{stor} 为土壤中可利用的硝氮储量；NO_{in} 为输入硝氮量（施肥）；N_{n} 为硝化作用增加的硝氮量；NO_{m} 为矿化作用增加的硝氮量；NO_{out} 为由径流带走的硝氮量。式（5-2）中各变量的单位为 g/m^2。

某栅格土壤氨氮含量的平衡方程为

$$\text{NH}_{\text{stor}}(t_i) = \text{NH}_{\text{stor}}(t_i - 1) + \text{NH}_{\text{in}}(t_i) + \text{NH}_{\text{m}}(t_i) - N_{\text{n}}(t_i) - N_{\text{v}}(t_i) - \text{NH}_{\text{out}}(t_i - 1) \tag{5-3}$$

式中，NH_{stor} 为土壤中可利用的氨氮储量；NH_{in} 为输入氨氮量（施肥）；NH_{m} 为矿化作用增加的氨氮量；N_{n} 为硝化作用减少的氨氮量；NH_{out} 为由径流带走的氨氮量。式（5-3）中各变量的单位为 g/m^2。

5.1.1　氮素的径流输出量

由第 4 章的流域氮磷迁移规律可知，虽然降雨事件流量同氮磷的输出浓度没有明显的相关关系，但是同氮磷的输出负荷具有较好的线性正相关关系，并且受到土壤可供营养物质量的制约，因此采用如下算法计算降雨事件中径流输出氮磷量。

由径流输出的土壤氮可以分为两部分，一部分为地表径流带出的氮，另一部分为地下径流带出的氮。

$$N_{\text{out}}(t_i) = N_{\text{r}}(t_i) + N_{\text{g}}(t_i) \tag{5-4}$$

式中，N_r 为地表径流输出的氮量（g/m²）；N_g 为地下径流（包括快速地下径流、壤中流和基流）输出的氮量（g/m²）。

$$N_r(t_i) = N_{stor}(t_i) \times \frac{Q_r(t_i)}{FC} \times \beta_r \tag{5-5}$$

式中，Q_r 为通过运动波模型算出的坡面流水深（mm）；FC 为土壤田间持水量（mm）；β_r 为地表径流对土壤氮的输移系数。

假定地表径流只与表层约 10 mm 厚的土层发生水-土界面的氮交换，使用地表以下 50 cm 处的土壤含氮量计算地下径流运移的氮量。假设土壤氮含量随深度呈指数变化，即

$$N_{stor,z} = N_{stor} \times e^{\frac{-z}{1000}} \tag{5-6}$$

式中，$N_{stor,z}$ 为土深 z 处的土壤氮含量（g/m²）；z 为土深（cm）。

$$N_g(t_i) = N_{stor,50}(t_i) \times \frac{Q_g(t_i)}{FC} \times \beta_g \tag{5-7}$$

式中，N_g 为地下水输出的氮量（g/m²）；Q_g 为地下径流深（mm）；FC 为土壤田间持水量（mm）；β_g 为地下径流对土壤氮的输移系数。

式（5-4）～式（5-7）适用于计算总氮、氨氮、硝氮的输出量，各氮素具有不同的径流输移系数。

5.1.2　氨的硝化与挥发

硝化作用可分为两步，首先氨在亚硝化细菌作用下转化为亚硝酸盐；然后在硝化细菌的作用下进一步转化为硝酸盐。硝化作用受到土壤的温度与含水率的影响很大，符合一级反应动力模式，如下[196]：

$$N_n = NH_{stor} \times (1 - e^{-k_{t1}k_w}) \tag{5-8}$$

式中，N_n 为氨氮的硝化量（g/m²）；NH_{stor} 为土壤中氨氮储量（g/m²）；k_{t1} 为氨氮硝化的温度影响系数；k_w 为氨氮硝化的湿度影响系数。

当施用肥料碳铵时，易发生挥发，产生氨气；当施用尿素时，在尿素发生水解过程中生成碳铵，也易生成氨氮发生挥发。氨氮的挥发主要受到土壤温度的影响，同样符合一级反应动力模式，如下[194]：

$$N_v = NH_{stor} \times (1 - e^{-k_{t2}}) \tag{5-9}$$

式中，N_v 为氨氮的挥发量（g/m²）；k_{t2} 为氨氮挥发的温度影响系数。

5.1.3 硝氮的反硝化

反硝化作用是在还原性细菌作用下，NO_3^- 转化为 N_2 或 N_2O 从土壤系统中流失的过程，受到土壤含水率、温度、可供有机碳与硝氮量的影响。一般来说，当水分充满 60%的土壤孔隙时就能观察到反硝化过程的发生，随着土壤含水量的增加，土壤含氧量降低，厌氧环境增强，加剧了反硝化过程。当土壤温度增加时，氧的扩散率减小，因此土温也对反硝化作用有较大影响。在水稻的生长期内，常常处于淹水状态，施用的肥料很容易通过反硝化作用流失。对于农业耕作的其他作物，反硝化作用和氨挥发能够损失大约 10%的施肥量，但是对于水稻田，反硝化同氨挥发能够造成大约 50%的氮肥损失。将含水率设为反硝化是否发生的限制因子，使用下式计算反硝化损失的硝氮量[196]。

$$N_{dn}=NO_{stor}\times(1-e^{-1.4\gamma_t C_{stor}}),\qquad \frac{SW}{FC}\geqslant 0.95 \tag{5-10}$$

$$N_{dn}=0,\qquad \frac{SW}{FC}<0.95 \tag{5-11}$$

式中，N_{dn} 为反硝化作用损失的氮量（g/m^2）；NO_{stor} 为土壤中硝氮储量（g/m^2）；γ_t 为土壤反硝化温度影响因子；C_{stor} 为有机碳含量；SW 为土壤含水率（mm）；FC 为土壤田间持水量（mm）。

5.1.4 无机氮的固定与有机氮的矿化

矿化作用是指在微生物作用下，植物不可直接利用的有机氮转化为植物可利用的无机氮的过程。当植物残渣中含有足够的氮素时，微生物从有机物中摄取氮素用于合成蛋白质；当植物残渣中的氮含量不足时，微生物开始使用土壤溶液中的 NH_4^+ 和 NO_3^-；当残渣中的氮含量超过微生物需求时，微生物会将剩余的氮以 NH_4^+ 释放回土壤溶液。根据研究，当 C∶N＞30 时，发生无机氮的固定；当 20≤C∶N≤30 时，固定作用同矿化作用达到平衡；当 C∶N＜20 时，发生矿化作用。

在模拟时，公式中包含了固定作用，由此计算得到净矿化作用。矿化过程与固定过程主要受可供水分与土壤温度的影响[197]。

$$N_m=orgN_{stor}\times k_m\times\sqrt{\gamma_t\times\gamma_w} \tag{5-12}$$

$$NO_m=\alpha N_m \tag{5-13}$$

$$NH_m=(1-\alpha)N_m \tag{5-14}$$

式中，N_m 为矿化作用增加的无机氮量（g/m^2）；$orgN_{stor}$ 为有机氮储量（g/m^2）；k_m 为有机氮矿化率；γ_t 为矿化温度影响因子；γ_w 为矿化土壤水分影响因子；α 为系数。

5.2　磷迁移转化模拟方法

同氮相比，磷素具有有限的溶解度，并且磷酸盐容易同其他的离子结合形成一些难溶的物质而从溶液中沉淀出来。因此，磷容易在土壤表层富集，并通过地表径流携带而流失。研究表明，地表径流是磷素从流域流失的主要途径。但是梅林流域农业耕作频繁，尤其对于菜地、稻田、旱地等土地利用方式，常常需要翻土与松土，人为地帮助了磷素的向下迁移，并且流域内的地下水位较高，由第 4 章的磷迁移转化规律分析可知，地下径流与壤中流也输出了大量的磷。在本章中定义容易随径流移动的磷素为活性磷，考虑以下几个土壤磷的转化过程：矿化、固定、吸附与解吸，由此建立土壤活性总磷含量的平衡方程[85-90, 207,208]。

某栅格土壤活性总磷含量的平衡方程为

$$P_{stor}(t_i) = P_{stor}(t_i - 1) + P_{in}(t_i) + P_m(t_i) - P_{pu}(t_i) - P_s(t_i) - P_{out}(t_i - 1) \tag{5-15}$$

式中，t_i 为时间步长（d）；P_{stor} 为土壤中活性总磷储量；P_{in} 为输入磷量（施用化肥、大气沉降等）；P_m 为矿化作用引入的活性磷量；P_{pu} 为植物吸收磷量；P_s 为由于吸附或解吸作用减少或增加的活性磷量；P_{out} 为由径流带走的磷量。式（5-15）中各变量的单位为 g/m^2。

式（5-15）中磷的大气沉降输入量与植物吸收量通过文献资料[195,196, 209-211]确定。

5.2.1　总磷的径流输出量

由径流输出的总磷同样可以分为两部分，一部分为地表径流输出的总磷，另一部分为地下径流输出的总磷。

$$P_{out}(t_i) = P_r(t_i) + P_g(t_i) \tag{5-16}$$

式中，P_r 为地表径流输出的磷量（g/m^2）；P_g 为地下径流（包括快速地下径流、壤中流和基流）输出的磷量（g/m^2）。

$$P_r(t_i) = P_{stor}(t_i) \times \frac{Q_r(t_i)}{FC} \times \delta_r \tag{5-17}$$

式中，Q_r 为通过运动波模型算出的坡面流水深（mm）；FC 为土壤田间持水量（mm）；δ_r 为地表径流对土壤磷的输移系数。

同样假定地表径流只与表层约 10 mm 厚的土层发生水-土界面的磷量交换，使用地表以下 50 cm 处的土壤含磷量计算地下径流运移的磷量。假设土壤含磷量随深度呈指数变化，即

$$P_{stor,z} = P_{stor} \times e^{\frac{-z}{500}} \tag{5-18}$$

式中，$P_{stor,z}$ 为土深 z 处的土壤磷含量（g/m^2）；z 为土深（cm）。

$$P_g(t_i) = P_{stor,50}(t_i) \times \frac{Q_g(t_i)}{FC} \times \delta_g \tag{5-19}$$

式中，Q_g 为地下径流深（mm）；FC 为土壤田间持水量（mm）；δ_g 为地下径流对土壤磷的输移系数。

5.2.2　无机磷的固定与有机磷的矿化

固定和矿化是土壤中磷转化最重要的过程。固定作用是指通过微生物活动将植物可以利用的无机磷转化为植物不可利用的有机磷。矿化作用是指通过微生物活动将植物不可利用的有机磷转化为植物可以利用的无机磷。

当 C∶P<200 时，矿化作用占主导，土壤中的无机磷含量增加。有机磷的矿化作用发生较快，能够在较短时间内达到平衡（2～3 d），但是有机磷的分解过程较慢，需要较长时间才能达到平衡。当 C∶P>300 时，无机磷的固定作用占主导。

本章在模拟中使用净矿化算法（矿化量减去固定量），净矿化过程受碳磷含量比值影响不大，主要受到可供水分与土壤温度的影响[195]。

$$P_m = orgP_{stor} \times \delta_m \times \sqrt{\gamma_t \times \gamma_w} \tag{5-20}$$

式中，P_m 为矿化作用增加的磷量（g/m^2）；$orgP_{stor}$ 为有机磷含量（g/m^2）；δ_m 为有机磷矿化率；γ_t 为矿化温度影响因子；γ_w 为矿化土壤水分影响因子。

5.2.3　无机磷的吸附和解吸

PO_4^- 有较强的吸附性，容易吸附在土壤胶体表面，并且同 Fe^{3+}、Al^{3+}、Ca^{2+} 结合形成难溶的磷酸盐，从而不容易随着水流输移。使用下式计算由于吸附或者解吸作用而从土壤活性磷库中损失的磷量[82,195]。

$$P_s = \beta_{eq}\left(1 - \frac{k_a P_{stor}}{M}\right) \tag{5-21}$$

式中，P_s 为由于吸附或解吸作用减少或增加的活性磷量（g/m^2）；β_{eq} 为平衡系数；k_a 为吸附比率；M 为吸附能力。

P_s 为正表示吸附磷量大于解吸磷量，活性磷量降低；P_s 为负表示解吸磷量大于吸附磷量，活性磷量增加。

5.3 梅林流域氮素迁移转化模拟结果

5.3.1 土壤氮素迁移转化模拟

根据梅林流域 5 m×5 m 分辨率的土地利用资料，对每个栅格赋以初始土壤总氮、氨氮、硝氮含量，初始含量通过实测值获得。

使用构建的氮素迁移转化模型对梅林流域 2006 年 6 月 15 日～10 月 1 日这一时段内土壤总氮、氨氮、硝氮含量的变化进行了模拟。选取这一模拟时段是因为 6～10 月是梅林流域的汛期，根据第 4 章的分析结果，这一时期也是流域输出氮磷负荷较大的时段。2006 年的 6 月、7 月、9 月是降雨事件比较集中的月份，梅林流域的野外观测数据也主要集中在这个时段内，因此观测资料比较全。图 5-1～图 5-3 为菜地、旱地、竹林、板栗林这几个主要土地利用类型表层土壤总氮、硝氮、氨氮的模拟平均含量变化与实测值的对比。

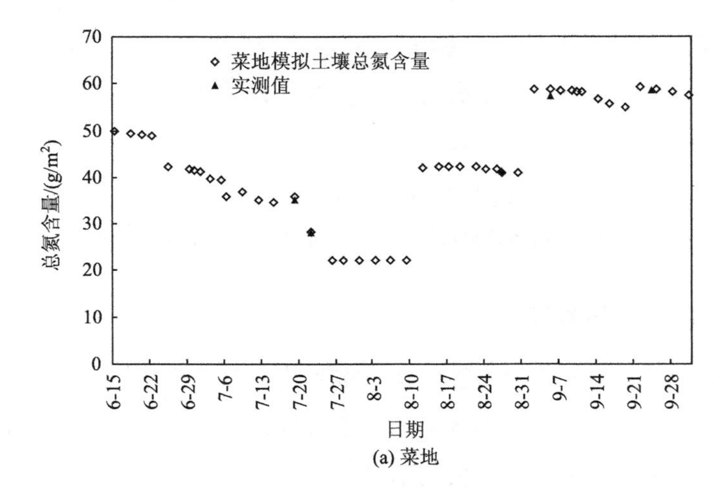

(a) 菜地

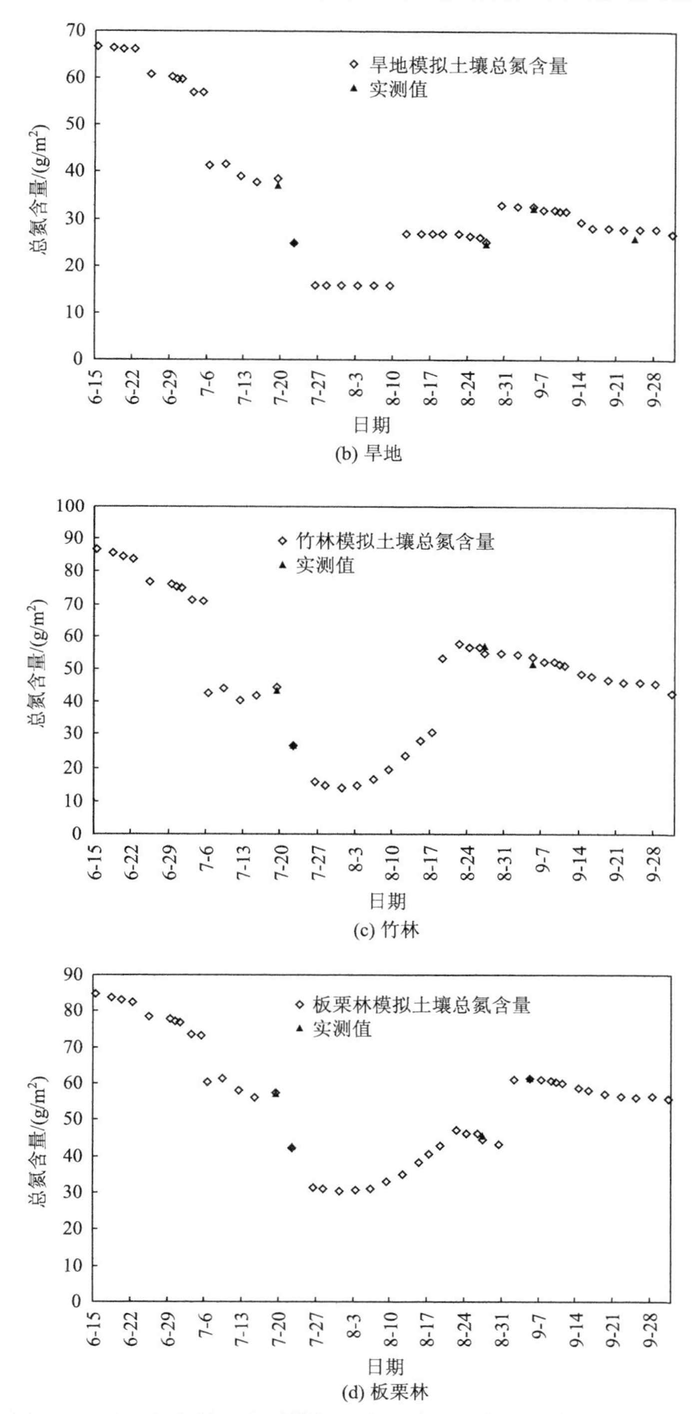

(b) 旱地

(c) 竹林

(d) 板栗林

图 5-1　不同土地利用类型模拟平均土壤总氮含量与实测值的对比

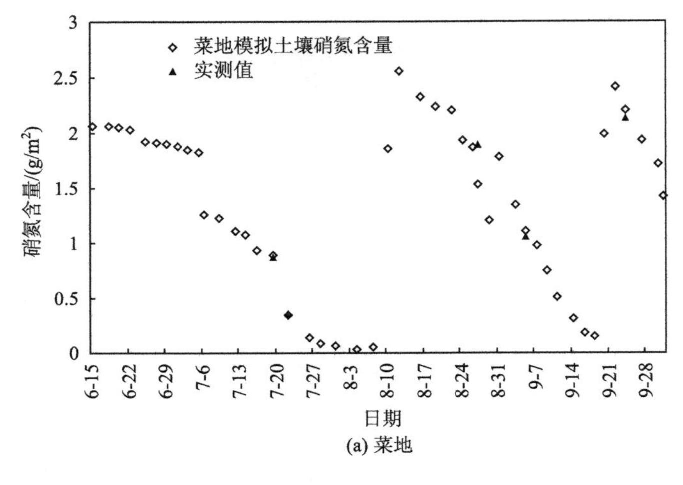
菜地模拟土壤硝氮含量
实测值
硝氮含量/(g/m²)
日期
6-15
6-22
6-29
7-6
7-13
7-20
7-27
8-3
8-10
8-17
8-24
8-31
9-7
9-14
9-21
9-28

(a) 菜地

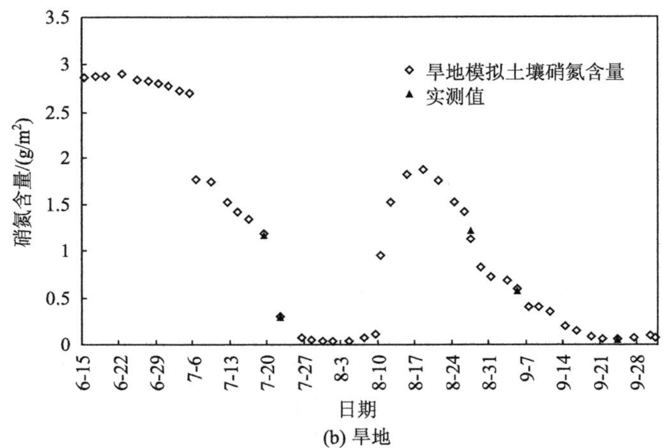
旱地模拟土壤硝氮含量
实测值
硝氮含量/(g/m²)
日期
6-15
6-22
6-29
7-6
7-13
7-20
7-27
8-3
8-10
8-17
8-24
8-31
9-7
9-14
9-21
9-28

(b) 旱地

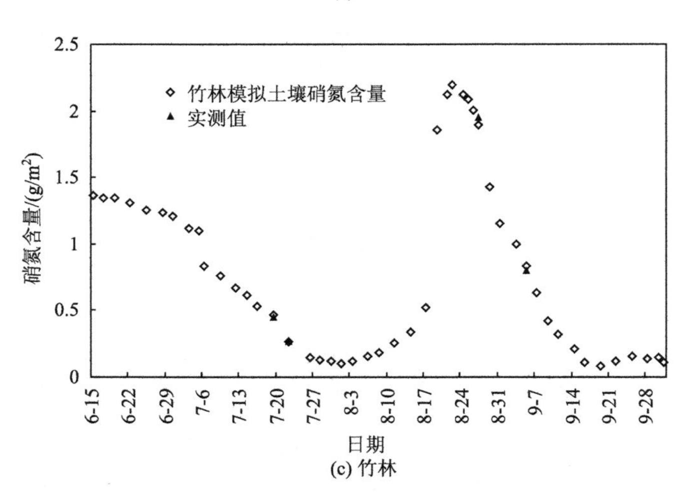
竹林模拟土壤硝氮含量
实测值
硝氮含量/(g/m²)
日期
6-15
6-22
6-29
7-6
7-13
7-20
7-27
8-3
8-10
8-17
8-24
8-31
9-7
9-14
9-21
9-28

(c) 竹林

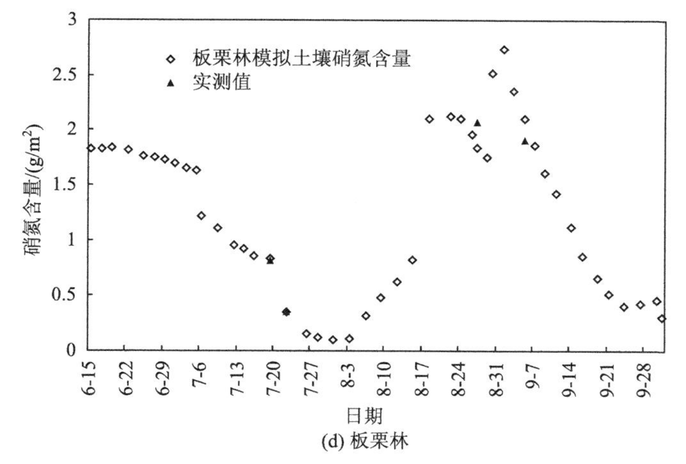

(d) 板栗林

图 5-2　不同土地利用类型模拟平均土壤硝氮含量与实测值的对比

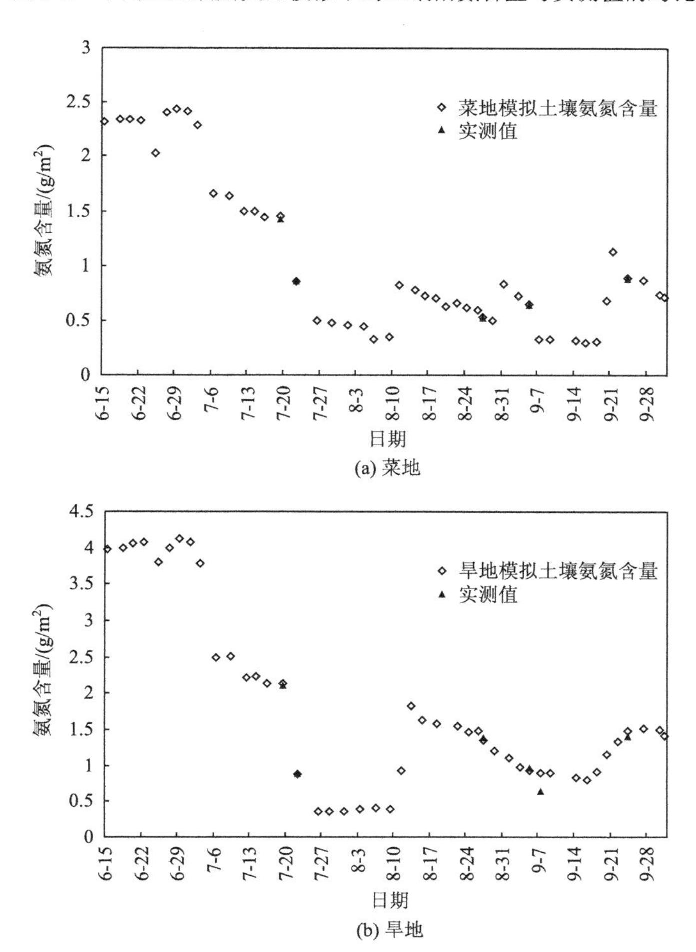

(a) 菜地

(b) 旱地

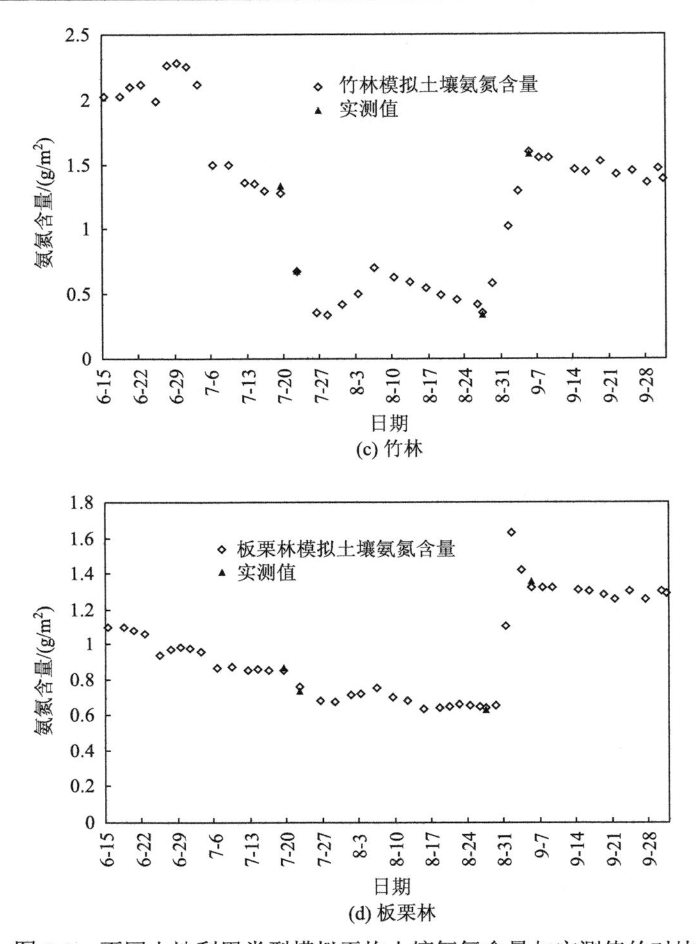

(c) 竹林

(d) 板栗林

图 5-3　不同土地利用类型模拟平均土壤氨氮含量与实测值的对比

如图所示，模拟结果同实测值拟合良好，施肥对土壤氮素含量有着重要的补给作用。由于包括了有机氮含量，植被覆盖最好的竹林与板栗林土壤总氮含量高于旱地与菜地的土壤总氮含量。土壤硝氮含量随时间变化较为剧烈，并且降雨事件对土壤硝氮含量的影响大于对总氮与氨氮含量的影响，径流能够输出土壤中较多的硝氮。由于施肥的影响，旱地与菜地在 7 月中旬以前氨氮含量较高，加上流域内播种水稻使用了较多化肥，这一时期的降雨事件输出氨氮量较高。

5.3.2　降雨事件输出氮素负荷模拟

梅林流域 2006 年 6 月 15 日～10 月 1 日这一时间段内共发生了 9 场大小不同

的降雨事件，采用 5.1.1 节中介绍的算法对这 9 场降雨事件流域出口处输出的总氮、氨氮、硝氮负荷进行了模拟。图 5-4 为各降雨事件输出氮素负荷模拟值与实测值的对比。

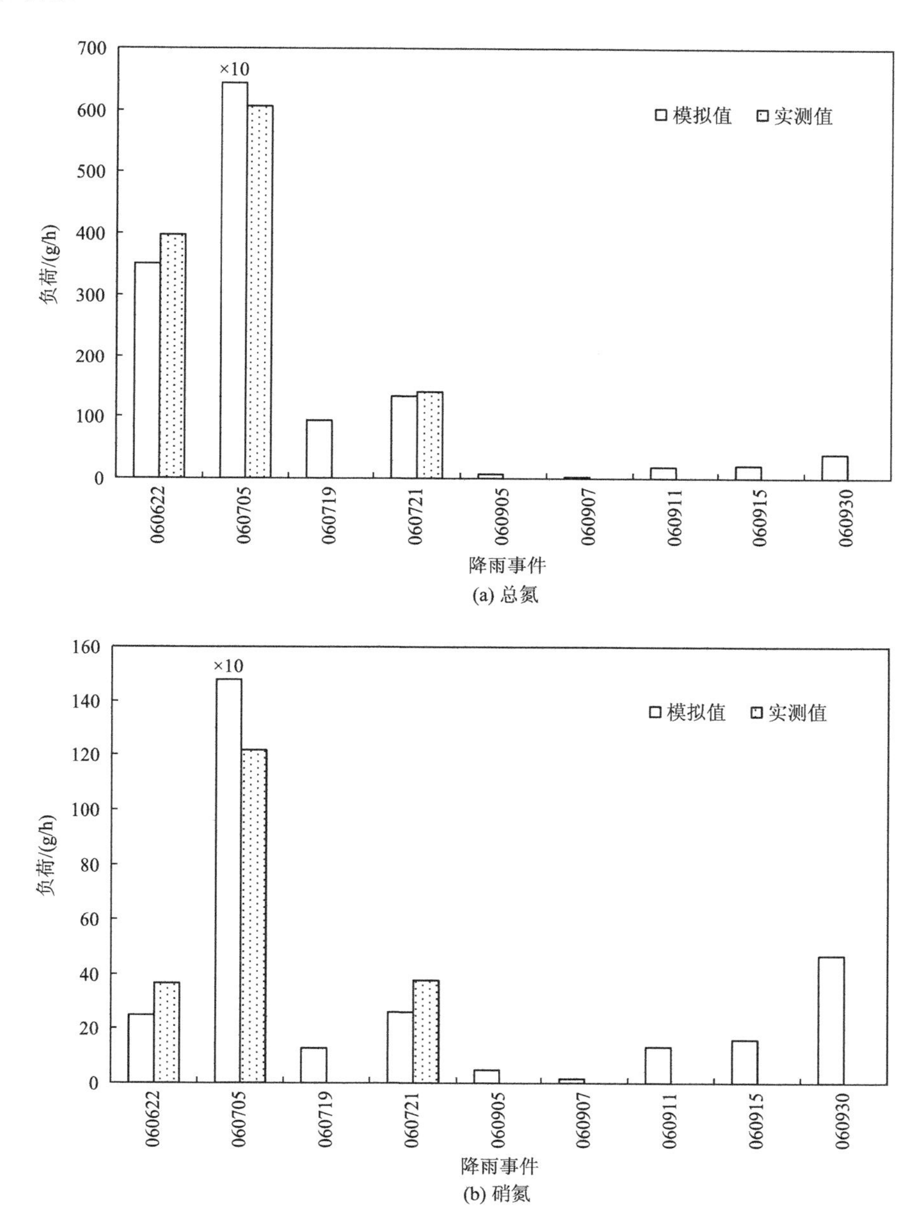

(a) 总氮

(b) 硝氮

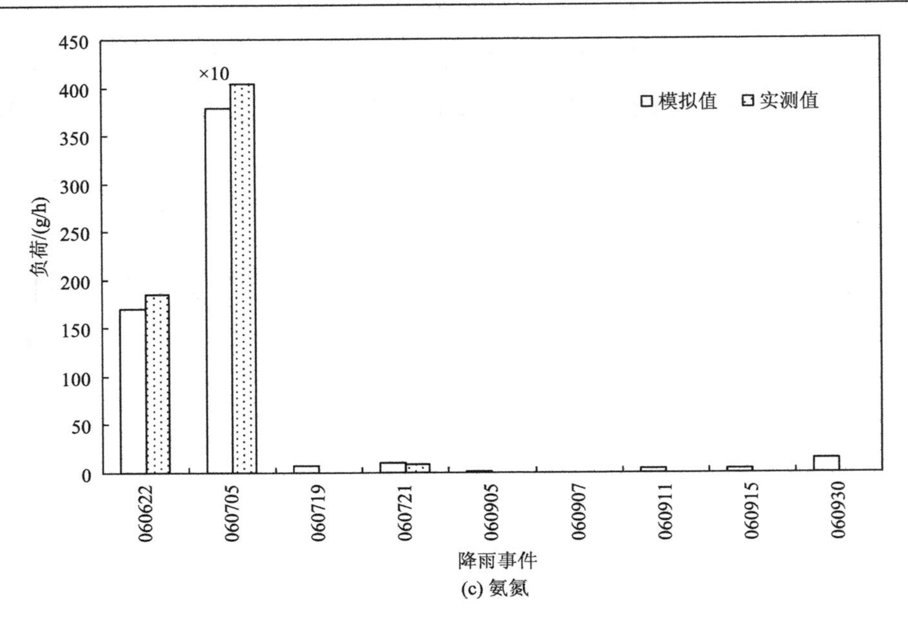

(c) 氨氮

图 5-4　梅林流域降雨事件输出氮素负荷模拟值与实测值的对比

060705 降雨事件的总雨量达到 100 mm，产生了较大的流域水文响应，因此流域输出了较大的氮磷负荷。为了各次降雨事件输出的营养物质负荷能在同一张图中进行比较，将 060705 降雨事件输出的氮素负荷值除以 10 后同其他降雨事件输出氮素负荷汇总得到图 5-4。可以看出，模拟值与实测值拟合较好，说明构建的模型结构合理，能够用于梅林流域氮素迁移转化的模拟。

5.4　梅林流域磷素迁移转化模拟结果

5.4.1　土壤磷素迁移转化模拟

采用建立的磷素迁移转化模型对梅林流域 2006 年 6 月 15 日～10 月 1 日这一时段内土壤总磷含量进行了模拟。磷酸盐与颗粒态磷的运移机制较为复杂，对其进行模拟需要详细的资料并进行具体的土壤实验，因此本章仅对土壤总磷含量及输出总磷负荷进行了模拟。图 5-5 为菜地、旱地、竹林、板栗林这几种主要土地利用类型表层土壤总磷的模拟平均含量变化与实测值的对比。

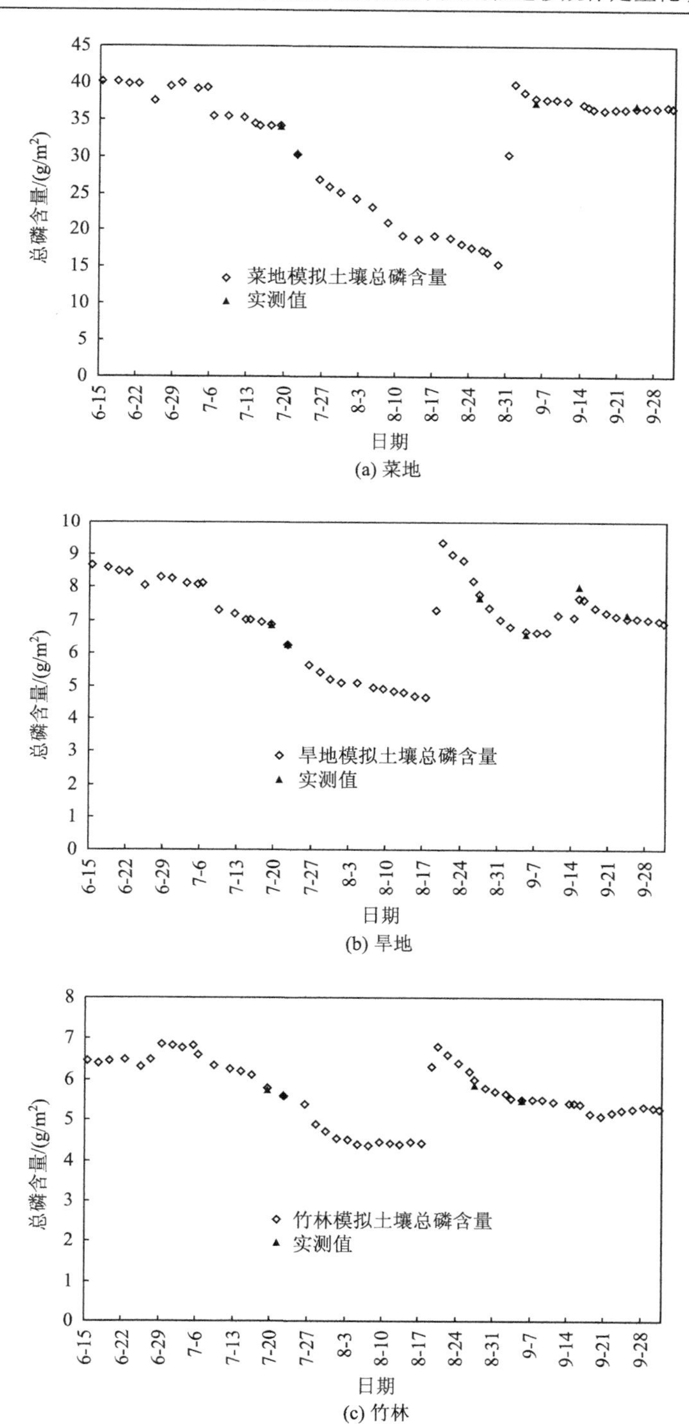
总磷含量/(g/m²)
菜地模拟土壤总磷含量
实测值
日期
旱地模拟土壤总磷含量
实测值
日期
竹林模拟土壤总磷含量
实测值
日期

(a) 菜地

(b) 旱地

(c) 竹林

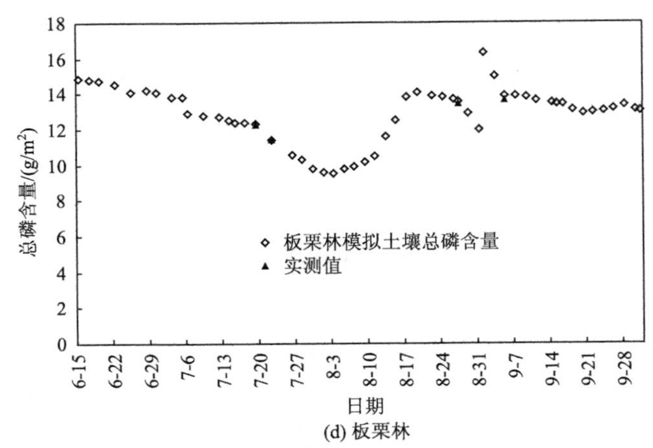

(d) 板栗林

图 5-5　不同土地利用类型模拟平均土壤总磷含量与实测值的对比

如图所示，模拟结果同实测值拟合良好，施肥对土壤总磷含量有着重要的补给作用，菜地的土壤总磷含量大大高于其他几种土地利用类型的总磷含量。除去施肥作用，土壤总磷含量变化不大，即同输出氮素比例相比，降雨事件输出的磷素比例相对较低。

5.4.2　降雨事件输出磷素负荷模拟

采用 5.2.1 节中介绍的算法对梅林流域 2006 年 6 月 15 日～10 月 1 日这一时间段共 9 场降雨事件流域出口处输出的总磷负荷进行了模拟。通过分布式水文模型得到模拟需要的水文数据。图 5-6 为各降雨事件输出总磷负荷的模拟值与实测值的对比。

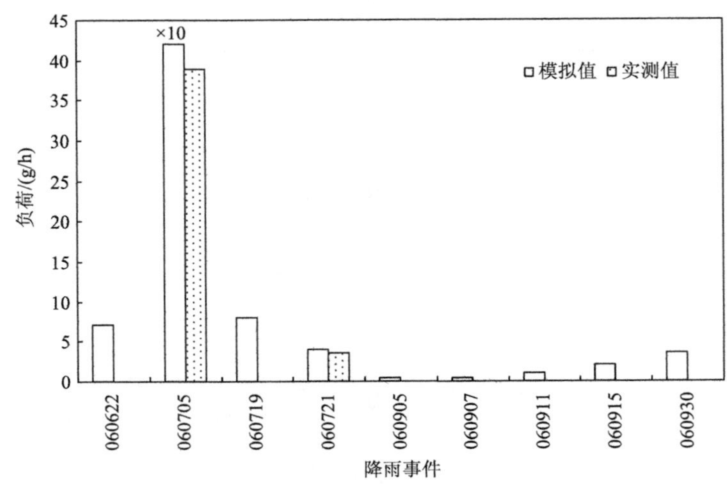

图 5-6　梅林流域降雨事件输出总磷负荷模拟值与实测值的对比

同样由于 060705 降雨事件输出了较大的磷素负荷，将这次降雨事件输出的磷素负荷除以 10 后同其他降雨事件输出磷素负荷汇总得到图 5-6。可以看出，模拟值与实测值拟合较好，说明构建的模型结构合理，能够用于梅林流域磷素迁移转化的模拟。

5.5　梅林流域氮磷素迁移的时空变化

由于水流是非点源污染物输移的媒介，氮磷输出的时空变化必然受到水文响应时空变化的影响。国内外近年来的研究表明，虽然非点源污染物的发生具有随机性，但是输出较多径流量的区域也容易输出较大的氮磷负荷[16, 79, 85-87, 168-171,185, 186]，说明非点源污染物也存在关键输出区域，如果能够控制好这些关键区域的非点源污染输出，那么比起在整个流域面上采取管理控制措施，不仅更加有效，又比较容易实现。

由于植被覆盖良好，加上处于湿润地区，梅林流域的主要产流方式为蓄满产流，在降雨事件中土壤饱和带扩张是梅林流域主要的产流机制。图 5-7 为三场降雨事件（060720、060907、060930）在模拟中与模拟结束后每个栅格累积径流量的空间分布图。从图中可以清楚看出，梅林流域径流响应较为活跃的区域位于流域低洼的平原区，还可以看出流域产流区域的扩张，靠近河流的区域容易先达到饱和并产生径流，这一饱和带在降雨事件中沿河道两边范围不断加大。

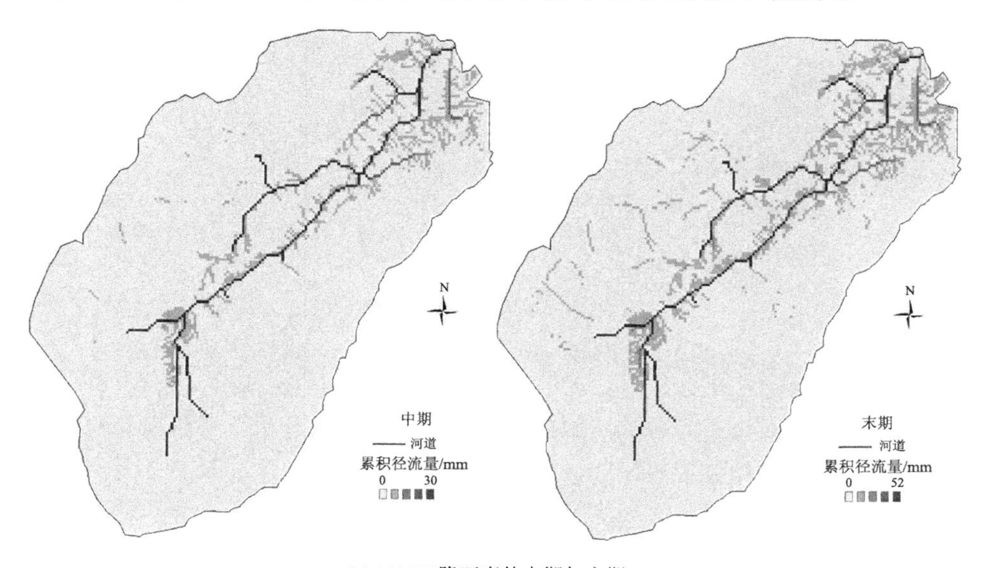

(a) 060720降雨事件中期与末期

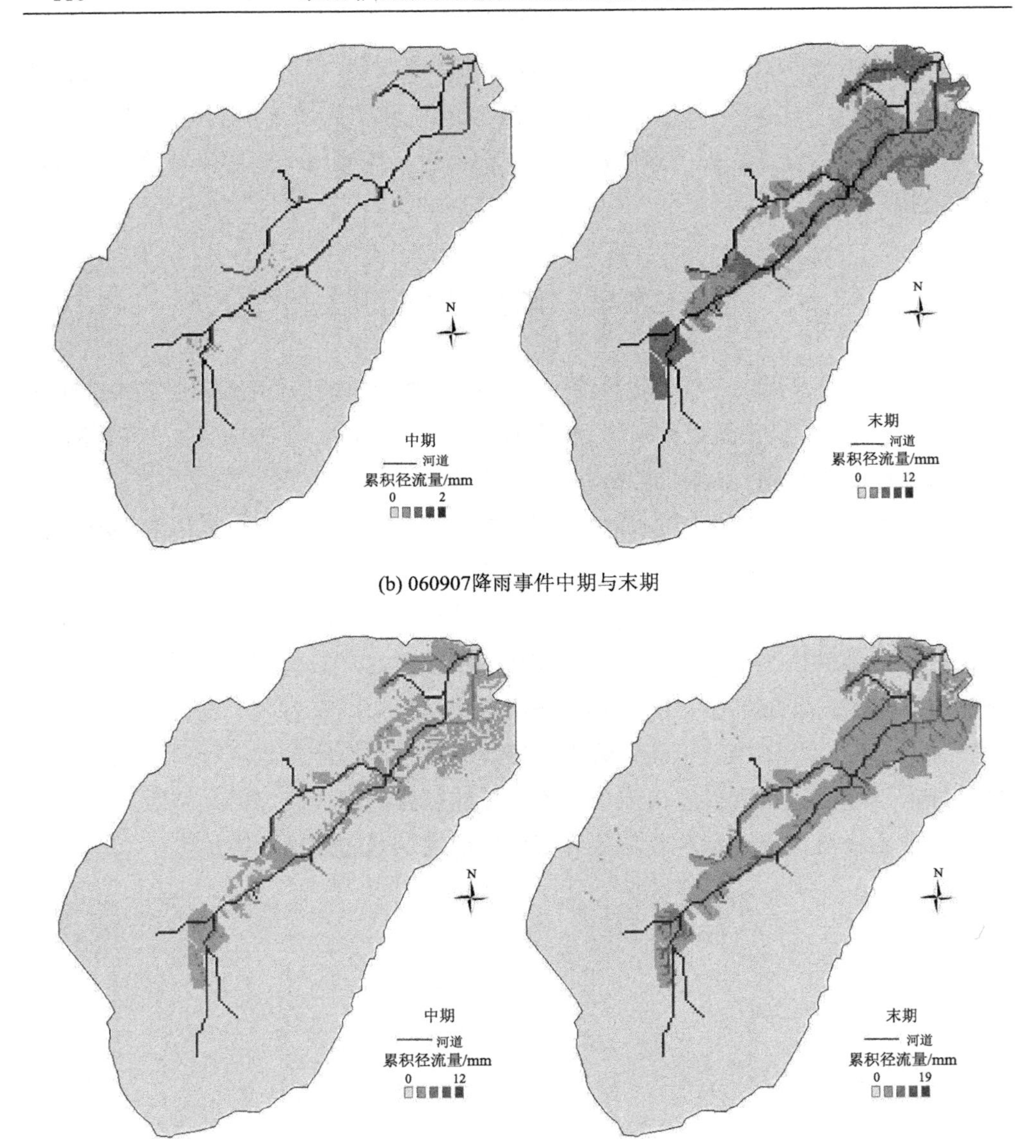

(b) 060907降雨事件中期与末期

(c) 060930降雨事件中期与末期

图 5-7　梅林流域降雨事件不同时刻累积径流量空间分布

根据第 4 章对梅林流域非点源污染物的迁移规律的分析，得到氮磷输出负荷同径流量有较好的相关关系，并且受到土壤氮磷含量的限制，这两个方面是氮磷输出的主要影响因子。由此建立了式（5-4）～式（5-7)、式（5-16）～式（5-19）所示的氮磷输出负荷模型。模型基于分布式的方法，根据每个栅格的氮磷含量与降雨事件产生的径流量，能够得到各个栅格输出的氮磷负荷，由此得到如图5-8～图5-10所示的氮磷输出负荷的空间分布。

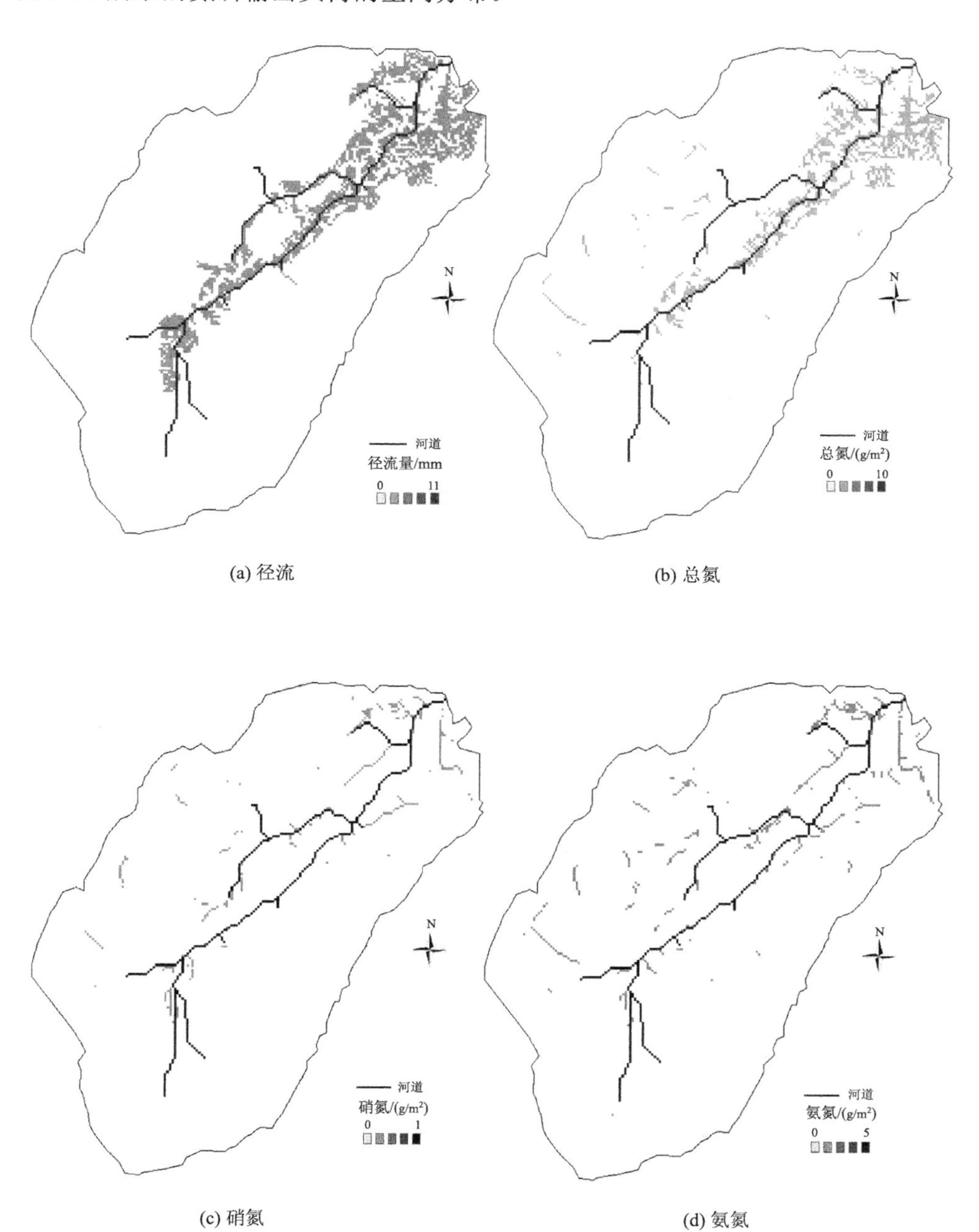

(a) 径流　　(b) 总氮

(c) 硝氮　　(d) 氨氮

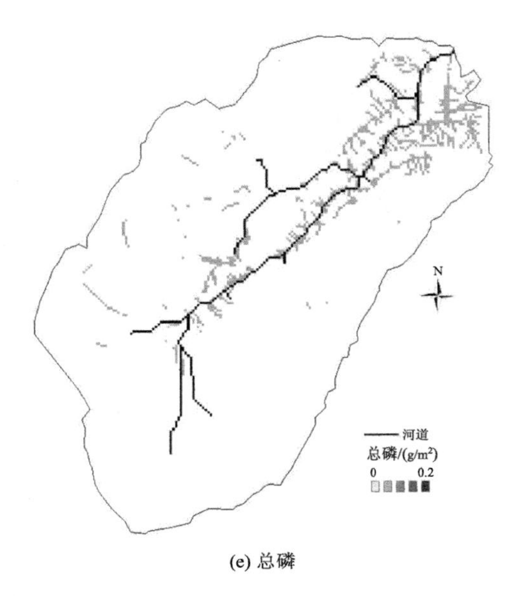

(e) 总磷

图 5-8　梅林流域 060622 降雨事件径流及氮磷主要输出区域分布

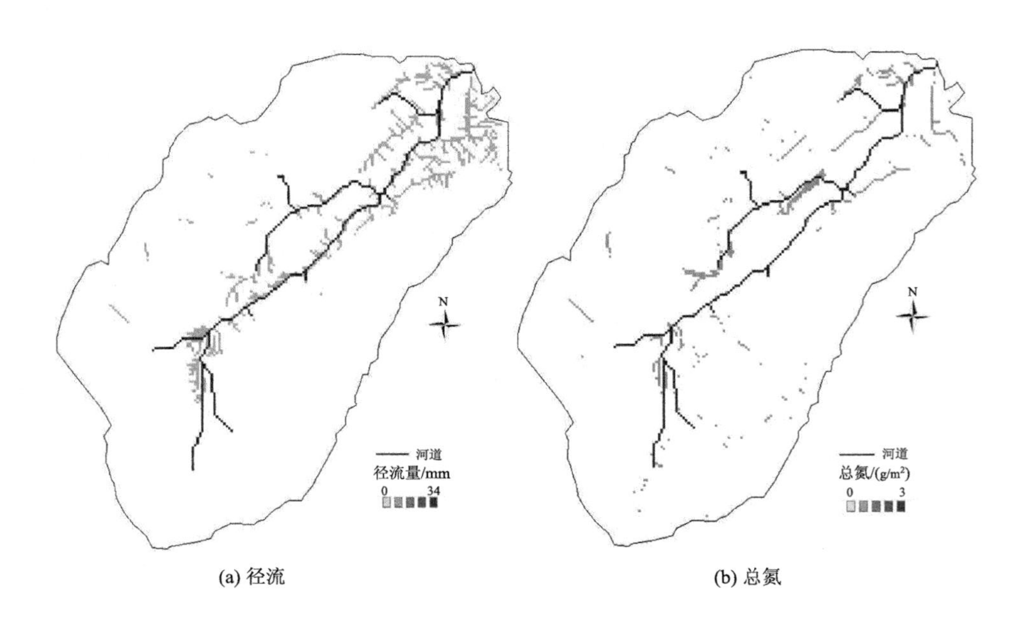

(a) 径流　　(b) 总氮

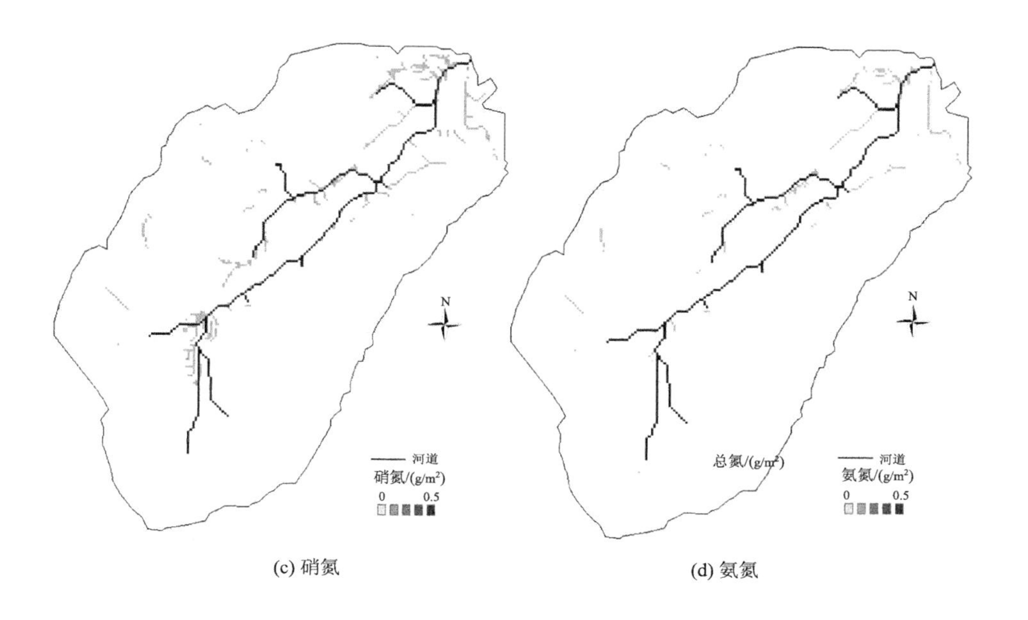

(c) 硝氮　　(d) 氨氮

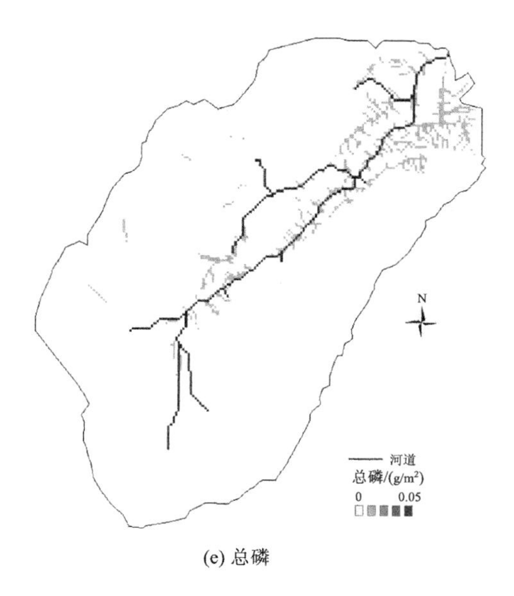

(e) 总磷

图5-9　梅林流域060722降雨事件径流及氮磷主要输出区域分布

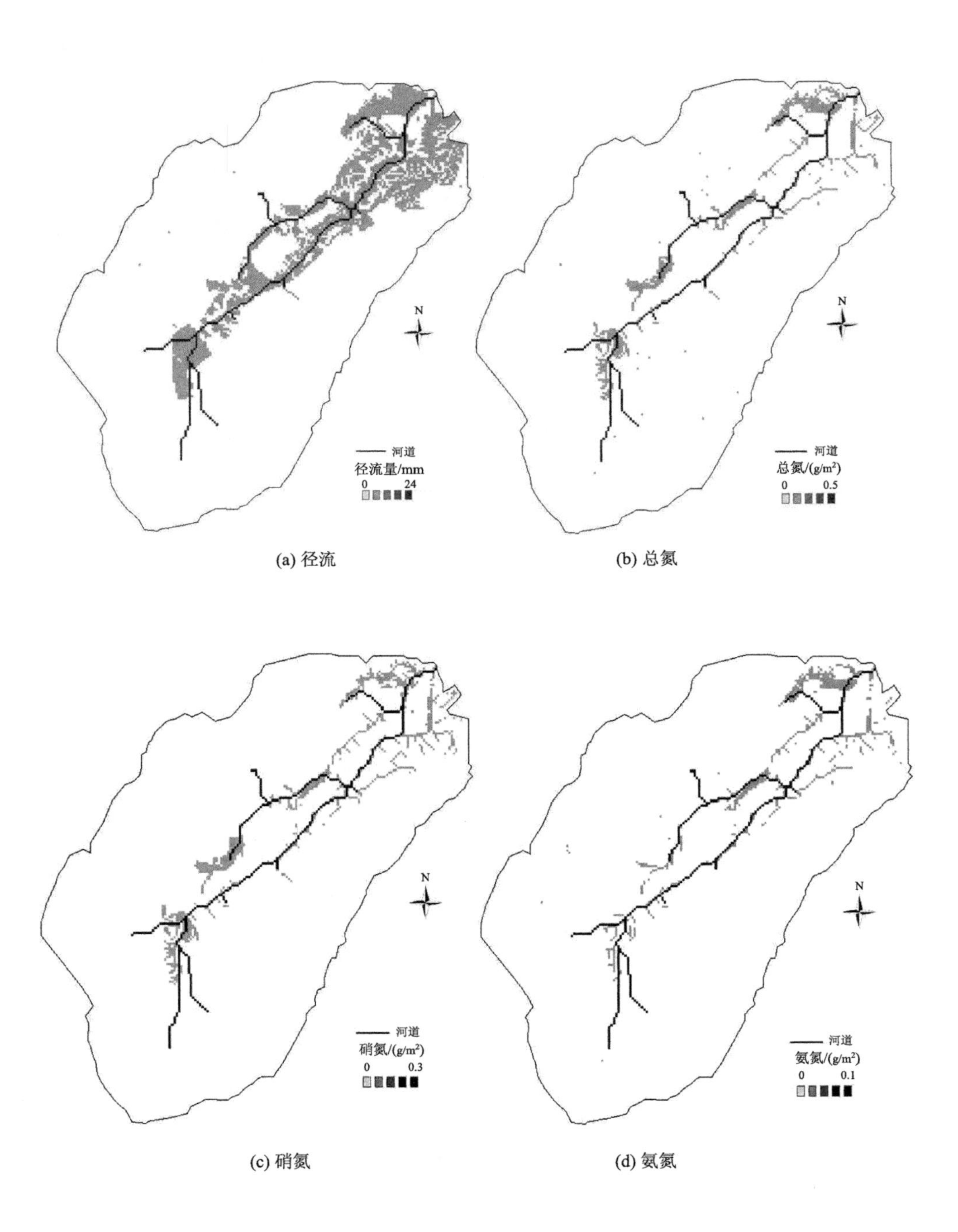

(a) 径流　　(b) 总氮

(c) 硝氮　　(d) 氨氮

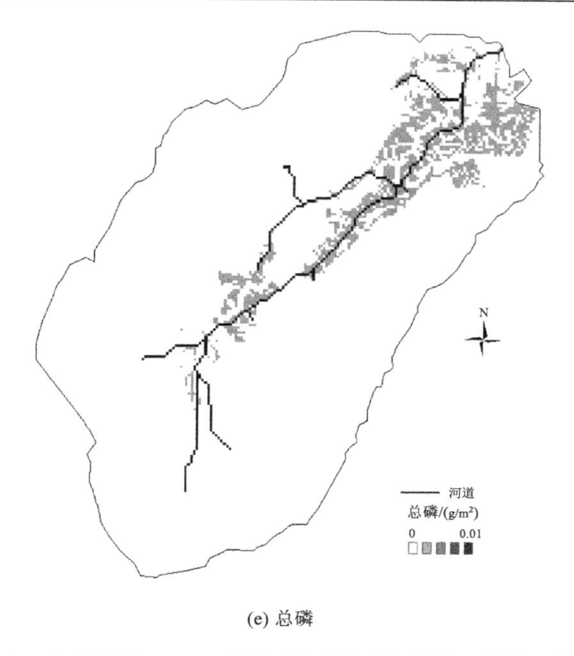

(e) 总磷

图 5-10　梅林流域 060911 降雨事件径流及氮磷主要输出区域分布

由图 5-7～图 5-10 可以看出，在梅林流域不仅径流量存在主要响应区域，氮素与磷素的输出也存在关键输出区域。磷素输出的关键区域同径流响应较大的区域比较吻合，主要位于流域内地势较低的平原区。同磷素输出相比，氮素的输出区域较为分散，尤其是氨氮的输出区域，比硝氮与总氮的主要输出区域更加分散。受到施肥的影响，060622 降雨事件输出了较大的氮素负荷，氮素主要输出区域也很分散。对于 060722 和 060911 降雨事件，虽然氮素主要输出区域相对磷素来说比较散一些，但是仍然可以看出在主要产流区域内存在一些关键输出区域。对于非点源农业污染物的输出，如果能够从这些关键输出区域着手进行治理会起到事半功倍的效果。

第6章 主要结论

GIS 的发展与计算机技术的进步使得分布式方法越来越多地应用到水文、水环境等研究领域。水文响应具有较强的时空变异性，而农业非点源污染物的发生与迁移同样具有时空分布的特点，并且同水文响应具有密切的联系。本书结合了野外观测、数值模拟等研究手段，深入地研究了流域水文响应机制、农业非点源污染物迁移转化规律。本书的主要研究成果有如下几个方面。

（1）在分布式水文模拟中，综合考虑流域不同水文响应过程及它们之间的水流交换机制是十分必要的，不仅能够获得更加真实可靠的模拟结果，而且有助于水文机理研究。本书中的分布式耦合水文模型系统整合了完整的流域水文过程，包括降雨产流、汇流（河道汇流与坡面汇流）、土壤水运动、蒸散发、地下水运动，还考虑了不同水文通道内的水流交换。模型能够基于 GIS 环境有效地输入、处理、输出空间数据，并根据实测数据确定模型参数。模型适用性的检验结果表明，该模型能够准确模拟不同特性流域的水文响应结果。

（2）梅林流域位于太湖西南，流域内基本以农业耕作为主，是太湖流域内人类活动干扰剧烈、农业非点源污染严重的一个代表性流域。通过流域的野外原位观测实验得到了流域土壤特性、土壤含水率、地下水位的时空变化规律，结合流域暴雨流量过程线，揭示了流域的水文响应机制，即蓄满产流是流域内地表径流产生的主要机制，在流域内的河道两侧及低洼处存在一些易饱和的区域，这些区域在降雨驱动下首先达到饱和产生径流，并且在降雨事件中饱和带的面积不断扩张。

（3）分布式耦合水文模型系统准确地模拟了梅林流域不同季节降雨事件的水文响应过程。模拟结果表明，在梅林流域 Green-Ampt 下渗模式优于 SCS 曲线数模式，主要由于梅林流域面积不大且栅格系统的分辨率较为精细，土壤、土地利用方式等数据集的准确性与分辨率也较高，此外 Green-Ampt 方法潜在地表达了蓄满产流这一机制，因此模拟结果更优。水文响应与土壤参数均具有很强的时空变异性，因此采用统计分布函数计算每个栅格的流域渗透系数（K）与曲线数（CN），模拟结果显示进一步考虑参数的空间变异性并没有明显提高模型在梅林流域的表现，证明梅林流域的栅格分辨率以及资料数据集能够满足模拟精度。不过对于威廉波特流域，采用的是1 km×1 km的栅格分辨率，远大于真实的水文响应尺度，通过计算次网格参数空间变异性，大大提高了模拟精度。

（4）非点源污染物由于受到多种因素的共同牵制，其输出具有不确定性。本书对梅林流域农业非点源污染物的时空输移规律进行了深入研究。研究结果表明，水文过程对梅林流域氮磷的输出起着推动力的作用，尤其是对磷的输出。降雨事件若发生在施肥之后不久，即使雨量不大，也能输出较高浓度的氮磷。梅林流域氮素流失的主要成分为硝氮与氨氮，并且主要以溶解态流失。对于流量响应较大的降雨事件，颗粒态磷是流域磷流失的主要成分；对于流量响应不大的降雨事件，可溶态磷是磷流失的主要成分。降雨事件的氮磷输出负荷同流量有着很好的相关关系。由于雨滴溅蚀是梅林流域主要的土壤侵蚀途径，对于容易吸附在土壤表面的颗粒态磷来说，其输出负荷同降雨的相关性优于同流量的相关性。

（5）梅林流域非点源污染物的输出具有明显的季节特点，夏季是汛期，流域内的降水量与流量响应最大，因此夏季的氮磷输出负荷也最大。由于高流量对营养物质的输出浓度起到了稀释作用，氮磷的输出浓度相差并不是很大。受到流域氮磷平衡与施肥的影响，夏季的氨氮输出浓度高于硝氮，而其他季节硝氮的输出浓度均高于氨氮；另外，夏季与秋季总磷的输出浓度较高。通过流量及氮磷浓度的频率分析研究得到流量服从对数正态分布，总磷、氨氮的浓度服从正态分布，总氮、硝氮的浓度分布较为分散。不同径流成分也影响氮磷的输出特性，氮素与颗粒态磷主要随地表径流流失，而总磷、磷酸盐在基流与地表径流中的流失浓度相近。通过流域内的径流实验小区研究不同土地利用类型的氮磷流失特点，菜地小区的氮磷输出浓度大大高于其他几个径流小区。由于地下水位较高，地下水能够同上层土壤发生营养物质的交换，在菜井中观测到了较高的氨氮浓度，而其他几个地下水观测井所在位置的地势均比菜井高，地下水埋深均比菜井深，加之氨氮不易向下迁移，地下水中的硝氮浓度均高于氨氮浓度。

（6）根据研究得到的梅林流域农业非点源污染物迁移规律，以分布式水文模型为驱动，建立了分布式流域非点源污染物运移模型，模型简化了氮磷在水-土界面及流域内的迁移转化动力学机制，减少了模拟需要的资料。模拟得到的流域土壤氮磷含量变化及降雨事件输出氮磷负荷结果同实测结果一致。计算结果表明，施肥对土壤氮磷含量有着较大影响，土壤氮素更容易在降雨事件中流失。模拟得到了梅林流域农业非点源污染物的关键输出区域，并且发现这些氮磷关键输出区域主要位于高水文响应区域内，这一研究成果能够为在农业非点源污染治理中制订更加有效、更加科学的方案提供依据。

本书在以下几个方面有所创新。

（1）在 GIS 环境中构建了基于物理机制的分布式耦合水文模型系统，模型整合了降雨下渗、蒸散发、坡面汇流与河道汇流、土壤水运动、地下水运动等水文过程，并考虑了地表水、土壤水、地下水、河流之间的水量交换。模型参数具有物理意义，能够较好地模拟不同流域的水文响应过程。

（2）通过野外原位观测实验，研究了梅林流域的水文响应机制。使用分布式耦合水文模型系统模拟了梅林流域的水文过程，并通过数值模拟实验，研究了不同下渗计算模式及参数空间变异性对水文响应模拟结果的影响。

（3）通过流域水量水质观测实验，研究了梅林流域农业非点源污染物在水-土界面及流域的运移机理，阐述了氮磷输出的主要成分与影响因子，阐明了不同季节、不同径流组成、不同土地利用类型对氮磷流失的影响机制。

（4）构建了同分布式耦合水文模型系统相结合的分布式农业非点源污染物运移模型，揭示了流域内水文响应与非点源污染物运移的互动机制，并得到了流域主要产流区域与氮磷关键输出区域。

参考文献

[1] 刘昌明, 郑红星, 王中根, 等. 流域水循环分布式模拟[M]. 郑州: 黄河水利出版社, 2006.

[2] 熊立华, 郭生练. 分布式流域水文模型[M]. 北京: 水利水电出版社, 2004.

[3] 赵人俊. 流域水文模拟——新安江模型与陕北模型[M]. 北京: 水利水电出版社, 1984.

[4] 金光炎. 水文水资源分析研究[M]. 南京: 东南大学出版社, 2003.

[5] Beven K J. Rainfall-Runoff Modeling[M]. New York: John Wiley & Sons, 2000.

[6] Singh V P, Woolhiser D A. Mathematical modeling of watershed hydrology[J]. Journal of Hydrologic Engineering, 2002, 7(4): 270-292.

[7] Yu Z, Lakhtakia M N, Yarnal B, et al. Simulating the river-basin response to atmospheric forcing by linking a mesoscale meteorological model and hydrologic model system[J]. Journal of Hydrology, 1999, 218(1-2): 72-91.

[8] Sposito G. Scale Dependence and Scale Invariance in Hydrology[M]. Cambridge: Cambridge University Press, 1998.

[9] 陈喜. 水文尺度和水文过程模拟研究[D]. 南京: 河海大学, 2000.

[10] 水利部太湖流域管理局. 太湖流域水资源及开发利用现状调查评价报告[R]. 上海: 水利部太湖流域管理局, 2004.

[11] 金相灿. 湖泊富营养化控制和管理技术[M]. 北京: 化学工业出版社, 2001.

[12] 林玉娣, 俞顺章, 徐明, 等. 无锡太湖水域藻类毒素污染与人群健康关系研究[J]. 上海预防医学杂志, 2003, 15(9): 435-437.

[13] 金相灿, 叶春, 颜昌宙, 等. 太湖重点污染控制区综合治理方案研究[J]. 环境科学研究, 1999, 12(5): 1-5.

[14] Haan C T, Zhang J. Impact of uncertain knowledge of model parameters on estimated runoff and phosphorus loads in the Lake Okeechobee Basin[J]. Transactions of the ASAE, 1996, 39(2): 511-516.

[15] Ramanarayanan T S, Storm D E, Smolen M D. Analysis of nitrogen management strategies using EPIC[J]. Journal of American Water Resources Association, 1998, 34(5): 1199-1211.

[16] Gburek W J, Drungil C C, Srinivasan M S, et al. Variable-source-area controls on phosphorus transport: Bridging the gap between research and design[J]. Journal of Soil and Water Conservation, 2002, 57(6): 534-543.

[17] 刘国纬. 水文循环的大气过程[M]. 北京: 科学出版社, 1997.

[18] 魏文秋, 夏军. 现代水文学与水环境科学研究与进展[M]. 武汉: 武汉水利电力大学出版社, 1999.

[19] 刘昌明, 孙睿. 水循环的生态学方面: 土壤－植被－大气系统水分能量平衡研究进展[J]. 水科学进展, 1999, 10(3): 251-259.

[20] Chen X, Yu Z, Huang Y, et al. Implementation of Subgrid-scale Spatial Variability of Parameters in a Regional Climate-Hydrology Coupled Model[C]. Proceedings of International Symposium on Flood Forecasting and Water Resources Assessment for IAHS-PUB, IAHS publ. No. 322, 2009.

[21] 刘光文. 皮尔逊III型分布参数估计[J]. 水文, 1990, 4: 3-17.

[22] Gan T Y, Burges S J. An assessment of a conceptual rainfall-runoff model's ability to represent the dynamics of small hypothetical catchments: 2. Hydrologic responses for normal and extreme rainfall[J]. Water Resources Research, 1990, 26(7): 1605-1619.

[23] 左其亭, 王中根. 现代水文学[M]. 2 版. 郑州: 黄河水利出版社, 2006.

[24] Freeze R A, Harlan R L. Blueprint for a physically-based digitally-simulated hydrologic response model[J]. Journal of Hydrology, 1969, 9(3): 237-258.

[25] Hewlett J D, Troendle C A. Non-point and diffused water sources: A variable source area problem[C]. Proceedings of a Symposium on Watershed Management, 1975: 65-83.

[26] Beven K J, Kirkby M J. A physically based, variable contributing area model of basin hydrology[J]. Hydrological Sciences Bulletin, 1979, 24(1): 43-69.

[27] Abbott M B, Bathurst J C, Cunge J A, et al. An introduction to the European Hydrological System—Systeme Hydrologique Europeen, "SHE", 2: Structure of a physically-based, distributed modelling system[J]. Journal of Hydrology, 1986, 87(1-2): 61-77.

[28] Julien P Y, Saghafian B. CASC2D Users Manual—A Two Dimensional Watershed Rainfall-runoff Model Civil Engineering Rep. CER90-91PYJ-BS-12[R]. Fort Collins: Colorado State University, 1991.

[29] Grayson R B, Moore I D, McMahon T A. Physically based hydrologic modeling 1. A terrain-based model for investigative purposes[J]. Water Resources Research, 1992, 28(10): 2639-2658.

[30] Grayson R B, Moore I D, McMahon T A. Physically based hydrologic modeling 2. Is the concept realistic?[J]. Water Resources Research, 1992, 28(10): 2659-2666.

[31] Arnold J G, Williams J R, Griggs R H, et al. SWRRB-A Basin Scale Simulation Model for Soil and Water Resources Management[M]. Texas: Texas A & M University Press, 1990.

[32] Vieux B E, Gauer N. Finite-element modeling of storm water runoff using GRASS GIS[J]. Computer - Aided Civil and Infrastructure Engineering, 1994, 9(4): 263-270.

[33] Zollweg J A, Gburek W J, Steenhuis T S. SMoRMod—A GIS-integrated rainfall-runoff model[J]. Transactions of the ASAE, 1996, 39(4): 1299-1307.

[34] Arnold J G, Allen P M. Estimating hydrologic budgets for three Illinois watersheds[J]. Journal of Hydrology, 1996, 176(1-4): 57-77.

[35] Bicknell B R, Imhoff J C, Kittle J L, et al. Hydrological Simulation Program-FORTRAN, User's Manual for Release 11[R]. Environmental Research Laboratory Office of Research and Development, USEPA, 1996.

[36] Yu Z, Lakhtakia M N, Barron E J. Modeling the river basin response to single storm events simulated by a mesoscale meteorological model at various resolutions[J]. Journal of Geophysical Research, 1999, 104: 19675-19690.

[37] Fortin J P, Turcotte R, Massicotte S, et al. Distributed watershed model compatible with remote sensing and GIS data: Description of model[J]. Journal of Hydrologic Engineering, 2001, 6 (2): 91-99.

[38] 任立良. 流域数字水文模型研究[J]. 河海大学学报(自然科学版), 2000, 28(4): 1-6.

[39] 袁飞, 任立良. 栅格型水文模型及其应用[J]. 河海大学学报(自然科学版), 2004, 32(5): 483-487.

[40] 黄平, 赵吉国. 森林坡地二维分布型水文数学模型的研究[J]. 水文, 2000, 20(4): 1-4.

[41] 任立良, 刘新仁. 数字高程模型在流域水系拓扑结构计算中的应用[J]. 水科学进展, 1999, 10(2): 129-134.

[42] 郭生练, 熊立华, 杨井, 等. 分布式流域水文物理模型的应用和检验[J]. 武汉大学学报(工学版), 2001, 34(1): 1-5.

[43] 张建云, 何惠. 应用地理信息进行无资料地区流域水文模拟研究[J]. 水科学进展, 1998, 9(4): 345-350.

[44] 吴险峰, 刘昌明, 郝芳华, 等. 黄河小花区间暴雨径流过程分布式模拟[J]. 水科学进展, 2004, 15(4): 511-516.

[45] 唐莉华, 张思聪. 小流域产汇流及产输沙分布式模型的初步研究[J]. 水力发电学报, 2002, 1: 119-127.

[46] 李兰, 钟名军. 基于 GIS 的 LL-Ⅱ分布式降雨径流模型的结构[J]. 水电能源科学, 2003, 21(4): 35-38.

[47] 李丽, 郝振纯, 王加虎. 基于 DEM 的分布式水文模型在黄河三门峡—小浪底间的应用探讨[J]. 自然科学进展, 2004, 14(12): 1452-1458.

[48] 夏军. 水文非线性系统理论与方法[M]. 武汉: 武汉大学出版社, 2002.

[49] 郭方, 刘新仁, 任立良. 以地形为基础的流域水文模型——TOPMODEL 及其拓宽应用[J]. 水科学进展, 2000, 11(3): 296-301.

[50] Xie Z, Su F, Liang X, et al. Applications of a surface runoff model with Horton and Dunne runoff for VIC[J]. Advances in Atmospheric Sciences, 2003, 20(2): 165-172.

[51] 朱新军, 王中根, 李建新, 等. SWAT 模型在漳卫河流域应用研究[J]. 地理科学进展, 2006, 25(5): 105-111.

[52] 刘志雨. 基于 GIS 的分布式托普卡匹水文模型在流域洪水预报中的应用[J]. 水利学报, 2004, 5: 70-75.

[53] 孔凡哲，芮孝芳. TOPMODEL 中地形指数计算方法的探讨[J]. 水科学进展，2003，14(1): 41-45.

[54] Nijssen B, Lettenmaier D P, Liang X, et al. Streamflow simulation for continental-scale river basins[J]. Water Resources Research, 1997, 33(4): 711-724.

[55] Brooks E S, Boll J, McDaniel P A. Distributed and integrated response of a geographic information system-based hydrologic model in the eastern Palouse region, Idaho[J]. Hydrological Processes, 2007, 21(1): 110-122.

[56] 崔广柏，陈星，余钟波. 太湖流域富营养化控制机理研究[J]. 中国科技论文在线，2007，2(6): 424-429.

[57] 高超，朱建国，窦贻俭. 农业非点源污染对太湖水质的影响：发展态势与研究重点[J]. 长江流域资源与环境, 2002, 11(3): 260-263.

[58] Novotny V, Chesters G. Handbook of Non-point Pollution: Sources and Management[R]. New York: Van Nostrand Reinbhold Company, 1981.

[59] Boers P C M. Nutrient emissions from agriculture in the Netherlands, causes and remedies[J]. Water Science and Technology, 1996, 33(4-5): 183-189.

[60] Carpenter S R, Carcao N F, Correll D L, et al. Nonpoint pollution of surface waters with phosphorus and nitrogen[J]. Ecological Applications, 1998, 8(3): 559-568.

[61] Tim U S, Jolly R. Evaluating agricultural nonpoint-source pollution using integrated geographic information systems and hydrologic/water quality model[J]. Journal of Environmental Quality, 1994, 23(1): 25-35.

[62] van der Molen D T, Breeuwsma A, Boers P C M. Agricultural nutrient losses to surface water in the Netherlands: Impact, strategies, and perspectives[J]. Journal of Environmental Quality, 1998, 27(1): 4-11.

[63] 黄满湘，章申，张国梁，等. 北京地区农田氮素养分随地表径流流失机理[J]. 地理学报，2003, 58(1): 147-154.

[64] 李怀恩，沈晋. 非点源污染数学模型[M]. 西安：西北工业大学出版社, 1996.

[65] 朱兆良，文启孝. 中国土壤氮素[M]. 南京：江苏科学技术出版社, 1991.

[66] 黄满湘，章申，唐以剑，等. 模拟降雨条件下农田径流中氮的流失过程[J]. 土壤与环境，2001, 10(1): 6-10.

[67] 梁涛，张秀梅，章申，等. 西苕溪流域不同土地类型下氮元素输移过程[J]. 地理学报，2002, 57(4): 389-394.

[68] 陈欣，王兆骞，杨武德，等. 红壤小流域坡地不同利用方式对土壤磷素流失的影响[J]. 生态学报, 2000, 20(3): 374-378.

[69] 张兴昌，刘国彬，付会芳. 不同植被覆盖度对流域氮素径流流失的影响[J]. 环境科学, 2000, 6: 16-19.

[70] Smith K A, Jackson D R, Pepper T J. Nutrient losses by surface runoff following the application

of organic manures to arable land: Nitrogen[J]. Environmental Pollution, 2001, 112(1): 41-51.

[71] Tufford D L, McKellar Jr H N, Hussey J R. In-stream nonpoint source nutrient prediction with land-use proximity and seasonality[J]. Journal of Environmental Quality, 1998, 27(1): 100-111.

[72] Campbell C A, Zentner R P, Selles F, et al. Nitrate leaching as influenced by fertilization in the brown soil zone[J]. Canadian Journal of Soil Science, 1993, 73(4): 387-397.

[73] Webb J, Henderson D, Anthony S G. Optimizing livestock manure applications to reduce nitrateand ammo nia pollution: Scenario analysis using the MANNER model[J]. Soil Use and Management, 2001, 17(3): 188-194.

[74] Heng H H, Nikolaidis N P. Modeling of nonpoint source pollution of nitrogen at the watershed scale[J]. Journal of American Water Resources Association, 1998, 34(2): 359-374.

[75] Owens L B, Edwards W M, Shipitalo M J. Nitrate leaching through lysimeters in a corn-soybean rotation[J]. Soil Science Society of America Journal, 1995, 59(3): 902-907.

[76] Saadi Z, Maslouhi A, Zeraouli M, et al. First attempts for predicting seasonal nitrate concentration variations at Mnasra aquifer[J]. Environmental Technology, 2000, 21(6): 671-680.

[77] Brannan K M, Moistaghimi S, McClellan P W, et al. Animal waste BMP impacts on sediment and nutrient losses in runoff from the Owl run watershed[J]. Transactions of the ASAE, 2000, 43(5): 1155-1166.

[78] 刘忠翰，彭江燕. 化肥氮素在水稻田中迁移与淋失的模拟研究[J]. 农村生态环境，2000, 16(2): 312-316.

[79] Pionke H B, Gburek W J, Schnabel R R, et al. Seasonal flow, nutrient concentrations and loading patterns in stream flow draining. An agricultural hill-land watershed[J]. Journal of Hydrology, 1999, 220(1-2): 62-73.

[80] Liang B C, MacKenzie A F. Changes of soil nitrate - nitrogen and denitrification as affected by nitrogen fertilizer on two Quebec soils[J]. Journal of Environmental Quality, 1994, 23(3): 521-525.

[81] 王鹏，高超，姚琪，等. 环太湖丘陵地区农田氮素随地表径流输出特征[J]. 农村生态环境，2005, 21(2): 46-49.

[82] 王鹏. 基于数字流域系统的平原河网区非点源污染模型研究与应用[D]. 南京：河海大学，2006.

[83] 刘凌，陆桂华. 含氮污水灌溉实验研究及污染风险分析[J]. 水科学进展，2002, 13(3): 313-320.

[84] 薛金凤，夏军，梁涛，等. 颗粒态氮磷负荷模型研究[J]. 水科学进展, 2005, 16(3): 334-337.

[85] Sharpley A. Identifying sites vulnerable to phosphorus loss in agricultural runoff[J]. Journal of Environmental Quality, 1995, 24(5): 947-951.

[86] Jordan C, McGuckin S O, Smith R V. Increased predicted losses of phosphorus to surface waters from soils with high Olsen-P concentrations[J]. Soil Use and Management, 2000, 16(1): 27-35.

[87] Kao J J, Lin W L, Tsai C H. Dynamic spatial modeling approach for estimation of internal phosphorus load[J]. Water Research, 1998, 32(1): 47-56.

[88] Sharpley A N, McDowell R W, Kleinman P J A. Phosphorus loss from land to water: Integrating agricultural and environmental management[J]. Plant and Soil, 2001, 237(2): 287-307.

[89] Zhang H C, Cao Z H, Wang G P, et al. Winter runoff losses of phosphorus from paddy soils in the Taihu lake region of south China[J]. Chemosphere, 2003, 52(9): 1461-1466.

[90] Schoumans O F, Groenendijk P. Modeling soil phosphorus levels and phosphorus leaching from agricultural land in the Netherlands[J]. Journal of Environmental Quality, 2000, 29(1): 111-116.

[91] Winter J G, Duthie H C. Export coefficient modeling to assess phosphorus loading in an urban watershed[J]. Journal of the American Water Resources Association, 2000, 36(5): 1053-1062.

[92] Knisel W G. CREAMS: A Field Scale Model for Chemicals, Runoff, and Erosion from Agricultural Management Systems[M]. Washington: Department of Agriculture, Science and Education Administration, 1980.

[93] Leonard R A, Knisel W G, Still D A. GLEAMS: Groundwater loading effects of agricultural management systems[J]. Transactions of the ASAE, 1987, 30(5): 1403-1418.

[94] Srinivasan R, Engel B A. A spatial decision support system for assessing agricultural non-point source pollution[J]. Journal of the American Water Resources Association, 1994, 30(3): 441-452.

[95] He C, Riggs J F, Kang Y T. Integration of geographic information systems and a computer model to evaluate impacts of agricultural runoff on water quality[J]. Journal of the American Water Resources Association, 1993, 29(6): 891-900.

[96] Engel B A, Srinivasan R, Arnold J, et al. Nonpoint source (NPS) pollution modeling using models integrated with geographic information systems (GIS)[J]. Water Science and Technology, 1993, 28(3-5): 685-690.

[97] Leon L F, Soulis E D, Kouwen N, et al. Nonpoint source pollution: A distributed water quality modeling approach[J]. Water Research, 2001, 35(4): 997-1007.

[98] Bouraoui F, Dllaha T A. ANSWERS-2000: Runoff and sediment transport model[J]. Journal of Environmental Engineering, 1996, 122(6): 493-502.

[99] Young R A, Onstad C A, Bosch D D, et al. AGNPS: A non-point source pollution model for evaluating agricultural watersheds[J]. Journal of Soil and Water Conservation, 1989, 44(2): 168-173.

[100] Johanson R C, Kittle J L. Design, programming and maintenance of HSPF[J]. Journal of Technical Topics in Civil Engineering, 1983, 109(1): 41-57.

[101] Ribarova I, Ninov P, Cooper D. Modeling nutrient pollution during a first flood event using HSPF software: Iskar River case study, Bulgaria[J]. Ecological Modelling, 2008, 211(1-2): 241-246.

[102] Williams J R, Nicks A D, Arnold J G. Simulator for water resources in rural basins[J]. Journal

of Hydraulic Engineering, 1985, 111(6): 970-986.

[103] Arnold J G, Srinivasan R, Muttiah R S, et al. Large area hydrologic modeling and assessment part I: Model development[J]. Journal of the American Water Resources Association, 1998, 34(1): 73-89.

[104] Srinivasan R, Ramanarayanan T S, Arnold J G, et al. Large area hydrologic modeling and assessment part II: Model application[J]. Journal of the American Water Resources Association, 1998, 34(1): 91-101.

[105] Ascough J C, Baffaut C, Nearing M A, et al. The WEPP watershed model: I. Hydrology and erosion[J]. Transactions of the ASAE, 1997, 40(4): 921-933.

[106] Baffaut C, Nearing M A, Ascough J C, et al. The WEPP watershed model: II. Sensitivity analysis and discretization on small watersheds[J]. Transactions of the ASAE, 1997, 40(4): 935-943.

[107] Liu B Y, Nearing M A, Baffaut C, et al. The WEPP watershed model: III. Comparisons to measured data from small watersheds[J]. Transactions of the ASAE, 1997, 40(4): 945-952.

[108] Whittemore R C. The BASINS model[J]. Water Environmental Technology, 1998, 10(12): 57-61.

[109] Singh V P. Computer Models of Watershed Hydrology: Highlands Ranch[M]. Colorado, USA: Water Resources Publications, 1995.

[110] 朱萱, 鲁纪行, 边金钟, 等. 农田径流非点源污染特征及负荷定量方法探讨[J]. 环境科学, 1985, 6(5): 6-11.

[111] 陈西平, 黄时达. 涪陵地区农田径流污染输出负荷定量化研究[J]. 环境科学, 1991, 12(3): 75-79.

[112] 李定强, 王继增, 万洪富, 等. 广东省东江流域典型小流域非点原污染物流失规律研究[J]. 水土保持学报, 1998, 4(3): 12-19.

[113] 蔡明, 李怀恩, 庄咏涛, 等. 改进的输出系数法在流域非点源污染负荷估算中的应用[J]. 水利学报, 2004, 35(7): 40-45.

[114] 李怀恩. 估算非点源污染负荷的平均浓度法及其应用[J]. 环境科学学报, 2000, 20(4): 397-400.

[115] 李怀恩, 蔡明. 非点源营养负荷-泥沙关系的建立及其应用[J]. 地理科学, 2003, 23(4): 460-463.

[116] 贺宝根, 周乃晟, 高效江, 等. 农田非点源污染研究中的降雨径流关系——SCS 法的修正[J]. 环境科学研究, 2001, 14(3): 49-51.

[117] 李国斌, 王焰新, 程胜高. 基于暴雨径流过程监测的非点源污染负荷定量研究[J]. 环境保护, 2002, 5: 46-48.

[118] 王夏晖, 尹澄清, 颜晓, 等. 流域土壤基质与非点源磷污染物作用的 3 种模式及其环境意义[J]. 环境科学, 2004, 25(4): 123-128.

[119] 陈欣, 郭新波. 采用 AGNPS 模型预测小流域磷素流失的分析[J]. 农业工程学报, 2000, 16(5): 44-47.

[120] 赵刚, 张天柱, 陈吉宁. 用AGNPS 模型对农田侵蚀控制方案的模拟[J]. 清华大学学报(自然科学版), 2002, 42(5): 705-707.

[121] 胡远安, 程声通, 贾海峰. 非点源模型中的水文模拟——以 SWAT 模型在芦溪小流域的应用为例[J]. 环境科学研究, 2003, 16(5): 29-36.

[122] Gurnell A M, Montgomery D R. Hydrological Applications of GIS[M]. New York: John Wiley & Sons, 2000.

[123] Sui D Z, Maggio R C. Integrating GIS with hydrological modeling: Practices, problems, and prospects[J]. Computers, Environment and Urban Systems, 1999, 23(1): 33-51.

[124] Vanacker V, Vanderschaeghe M, Govers G, et al. Linking hydrological, infinite slope stability and land-use change models through GIS for assessing the impact of deforestation on slope stability in high Andean watersheds[J]. Geomorphology, 2003, 52(3-4): 299-315.

[125] Wise S M. Effect of differing DEM creation methods on the results from a hydrological model[J]. Computers & Geosciences, 2007, 33(10): 1351-1365.

[126] Sonneveld M P W, Schoorl J M, Veldkamp A. Mapping hydrological pathways of phosphorus transfer in apparently homogeneous landscapes using a high-resolution DEM[J]. Geoderma, 2006, 133(1-2): 32-42.

[127] Oksanen J, Sarjakoski T. Error propagation of DEM-based surface derivatives[J]. Computers & Geosciences, 2005, 31(8): 1015-1027.

[128] Jones K H. A comparison of algorithms used to compute hill slope as a property of the DEM[J]. Computers & Geosciences, 1998, 24(4): 315-323.

[129] Bernier P Y. Variable source areas and storm-flow generation: An update of the concept and simulation effort[J]. Journal of Hydrology, 1985, 79(3-4): 195-213.

[130] Agnew L J, Lyon S, Gérard-Marchant P, et al. Identifying hydrologically sensitive areas: Bridging the gap between science and application[J]. Journal of Environmental Management, 2006, 78(1): 63-76.

[131] Dunne T, Black R D. Partial area contributions to storm runoff in a small New England watershed[J]. Water Resources Research, 1970, 6(5): 1296-1311.

[132] Moore T R, Taylor C H. Recognition and prediction of runoff-producing zones in humid regions[J]. Hydrological Sciences Bulletin, 1975, 20(3): 305-327.

[133] 陈星, 余钟波, 崔广柏. 考虑次网格水文过程的区域气候—水文耦合方法[J]. 河海大学学报(自然科学版), 2008, 36(3): 1-4.

[134] 余钟波, 潘峰, 梁川, 等. 水文模型系统在峨嵋河流域洪水模拟中的应用[J]. 水科学进展, 2006, 17(5): 645-652.

[135] Yu Z, Pollard D, Cheng L. On continental-scale hydrologic simulations with a coupled

hydrologic model[J]. Journal of Hydrology, 2006, 331(1-2): 110-124.

[136] Yu Z, White R A, Guo Y, et al. Stormflow simulation using a Geographical Information System with a distributed approach[J]. Journal of American Water Resources Association, 2001, 37(4): 957-971.

[137] USDA-SCS. National Engineering Handbook, Section 4: Hydrology[R]. Washington: Soil Conservation Service, 1985.

[138] Schaake J C, Koren V I, Duan Q Y, et al. Simple water balance model for estimating runoff at different spatial and temporal scales[J]. Journal of Geophysics Research: Atmospheres, 1996, 101(D3): 7461-7475.

[139] Chu S T. Infiltration during an unsteady rain[J]. Water Resources Research, 1978, 14(3): 461-466.

[140] Woolhiser D A, Liggett J A. Unsteady, one-dimensional flow over a plane—The rising hydrograph[J]. Water Resources Research, 1967, 3(3): 753-771.

[141] Morris E M, Woolhister D A. Unsteady one-dimensional flow over a plane: Partial equilibrium and recession hydrographs[J]. Water Resources Research, 1980, 16(2): 355-360.

[142] Bedient P B, Huber W C. Hydrology and Flood Plain Analysis[M]. Boston: Wesley Publishing Company, 1988.

[143] Cunge J A. On the subject of a flood propagation method (Muskingum method) [J]. Journal of Hydraulic Research, 1969, 2: 205-230.

[144] Johnson D L, Miller A C. A spatially distributed hydrologic model utilizing raster data structures[J]. Computer and Geoscience, 1997, 23(3): 267-272.

[145] Swartzendruber D. The Flow of Water in Unsaturated Soils[M]. New York: Academic Press, 1969: 215-292.

[146] Capehart W J, Carlson T N. Estimating near-surface soil moisture variability using a meteorologically driven soil water profile model[J]. Journal of Hydrology, 1994, 160(1-4): 1-20.

[147] Monteith J L. Evaporation and surface temperature[J]. Quarterly Journal of the Royal Meteorological Society, 1981, 107(451): 1-27.

[148] Prickett T A, Lonnquist C G. Selected digital computer techniques for ground-water resource evaluation[J]. Illinois Water Survey Bulletin, 1971, 55: 1-62.

[149] Domenico P A, Schwartz F W. Physical and Chemical Hydrology[M]. New York: John Wiley & Sons, 1990.

[150] Singh V P, Frevert D K. Mathematical Models of Large Watershed Hydrology[M]. Colorado: Water Resources Publication, 2000.

[151] McDonald M G, Harbaugh A W. A modular three-dimensional finite-difference ground-water flow model[R]. U. S. Geological Survey Open-File Report, 1984: 83-875.

[152] 芮孝芳. 水文学原理[M]. 北京: 水利水电出版社, 2004.
[153] Rawls W J, Brakensiek D L, Savabi M R. Infiltration parameters for rangeland soils[J]. Journal of Range Management Archives, 1989, 42(2): 139-142.
[154] Saxton K E, Rawls W J, Romberger J S, et al. Estimating generalized soil water characteristics from texture[J]. Soil Science Society of America Journal, 1986, 50(4): 1031-1036.
[155] Cosby B J, Hornberger G M, Clapp R B, et al. A statistical exploration of the relationships of soil moisture characteristics to the physical properties of soils[J]. Water Resources Research, 1984, 20(6): 682-690.
[156] Yu Z, Carlson T N, Barron E J, et al. On evaluating the spatial-temporal variation of soil moisture in the Susquehanna River Basin[J]. Water Resources. Research, 2001, 37(5): 1313-1326.
[157] Entekhabi D, Eagleson P S. Land surface hydrology parameterization for atmospheric general circulation model including subgrid scale spatial variability[J]. Journal of Climate, 1989, 2(8): 816-831.
[158] 刘兆德, 虞孝感, 王志宪. 太湖流域水环境污染现状与治理的新建议[J]. 自然资源学报, 2003, 18(4): 467-474.
[159] 秦伯强, 吴庆农, 高俊峰, 等. 太湖地区的水资源与水环境——问题、原因与管理[J]. 自然资源学报, 2002, 17(2): 221-228.
[160] 林泽新. 太湖流域水环境变化及缘由分析[J]. 湖泊科学, 2002, 14(2): 111-116.
[161] 河海大学. 太湖富营养化控制机理研究[R]. 国家自然科学基金重点项目报告, 2007.
[162] 范成新, 季江, 陈荷生. 太湖富营养化现状、趋势及其综合整治对策[J]. 上海环境科学, 1997, 16(8): 4-7, 17.
[163] Yang M, Yu J, Li Z, et al. Taihu lake not to blame for Wuxi's woes[J]. Science, 2008, 319(5860): 158.
[164] 李恒鹏, 杨桂山, 黄文钰, 等. 太湖上游地区面源污染氮素入湖量模拟研究[J]. 土壤学报, 2007, 44(6): 1063-1069.
[165] 沃飞, 陈效民, 吴华山, 等. 太湖流域典型地区农村水环境氮、磷污染状况的研究[J]. 农业环境科学学报, 2007, 26(3): 819-825.
[166] 程波, 张泽, 陈凌, 等. 太湖水体富营养化与流域农业面源污染的控制[J]. 农业环境科学学报, 2005, 24(S): 118-124.
[167] 国家环境保护总局. 水和废水监测分析方法[M]. 4 版. 北京: 中国环境科学出版社, 2002.
[168] Gburek W J, Sharpley A N. Hydrologic controls on phosphorus loss from upland agricultural watersheds[J]. Journal of Environmental Quality, 1998, 27(2): 267-277.
[169] Schneiderman E M, Steenhuis T S, Thogns D J, et al. Incorporating variable source area hydrology into a curve-number-based watershed model[J]. Hydrological Processes, 2007, 21: 3420-3430.

[170] Geohring L D, McHugh O V, Walter M T, et al. Phosphorus transport into subsurface drains by macropores after manure applications: Implications for best manure management practices[J]. Soil Science, 2001, 166(12): 896-909.

[171] Walter M T, Walter M F, Brooks E S, et al. Hydrologically sensitive areas: Variable source area hydrology implications for water quality risk assessment[J]. Journal of Soil and Water Conservation, 2000, 55(3): 277-284.

[172] Benbi D K, Nieder R. Handbook of Processes and Modeling in the Soil-Plant System[M]. New York: The Haworth Press, 2003.

[173] Jamu D M, Piedrahita R H. An organic matter and nitrogen dynamics model for the ecological analysis of integrated aquaculture/agriculture systems: I. Model development and calibration[J]. Environmental Modelling & Software, 2002, 17(6): 571-582.

[174] Jamu D M, Piedrahita R H. An organic matter and nitrogen dynamics model for the ecological analysis of integrated aquaculture/agriculture systems: II. Model evaluation and application[J]. Environmental Modelling & Software, 2002, 17(6): 583-592.

[175] Saâdi Z, Maslouhi A. Modeling nitrogen dynamics in unsaturated soils for evaluating nitrate contamination of the Mnasra groundwater[J]. Advances in Environment Research, 2003, 7(4): 803-823.

[176] Fuentes J P, Flury M, Huggins R D, et al. Soil water and nitrogen dynamics in dryland cropping systems of Washington State, USA[J]. Soil & Tillage Research, 2003, 71(1): 33-47.

[177] Paul E A, Morris S J, Six J, et al. Interpretation of soil carbon and nitrogen dynamics in agricultural and afforested soils[J]. Soil Science Society of America Journal, 2003, 67(5): 1620-1628.

[178] Bridgham S D, Johnston C A, Schubauer-Berigan J P, et al. Phosphorus sorption dynamics in soils and coupling with surface and pore water in Riverine Wetlands[J]. Soil Science Society of America Journal, 2001, 65(2): 577-588.

[179] Raghunathan R, Slawecki T, Fontaine T D, et al. Exploring the dynamics and fate of total phosphorus in the Florida Everglades using a calibrated mass balance model[J]. Ecological Modeling, 2001, 142(3): 247-259.

[180] Domínguez R, Campillo C D, Peña F, et al. Effect of soil properties and reclamation practices on phosphorus dynamics in reclaimed calcareous marsh soils from the Guadalquivir Valley, SW Spain[J]. Arid Land Research and Management, 2001, 15(3): 203-221.

[181] Chen X, Sheng P Y. Three-dimensional modeling of sediment and phosphorus dynamics in Lake Okeechobee, Florida: Spring 1989 simulation[J]. Journal of Environmental Engineering, 2005, 131(3): 359-374.

[182] Lillebo A I, Neto J M, Flindt M R, et al. Phosphorous dynamics in a temperate inter tidal estuary[J]. Estuarine, Costal and Shelf Science, 2004, 61(1): 101-109.

[183] Schneider A, Mollier A, Morel C. Modeling the kinetics of the solution phosphate concentration during sorption and desorption experiments[J]. Soil Science, 2003, 168(9): 627-636.
[184] Gburek W J. Initial contributing area of a small watershed[J]. Journal of Hydrology, 1990, 118(1-4): 387-403.
[185] Pionke H B, Gburek W J, Folmar G J. Quantifying stormflow components in a Pennsylvania watershed when ^{18}O input and storm conditions vary[J]. Journal of Hydrology, 1993, 148(1-4): 169-187.
[186] Pionke H B, Gburek W J, Sharpley A N, et al. Flow and nutrient export patterns for an agricultural hill-land watershed[J]. Water Resources Research, 1996, 32(6): 1795-1804.
[187] Maidment D R. 水文学手册[M]. 张建云，李纪生，等译. 北京：科学出版社, 2002.
[188] 杨金玲，张甘霖，张华，等. 丘陵地区流域土地利用对氮素径流输出的影响[J]. 环境科学, 2003, 24(1): 16-23.
[189] 张水龙，庄季屏. 分散型流域农业非点源污染模型研究[J]. 干旱区资源与环境，2003, 17(5): 76-80.
[190] Krause S, Jacobs J, Voss A, et al. Assessing the impact of changes in landuse and management practices on the diffuse pollution and retention of nitrate in a riparian floodplain[J]. Science of The Total Environment, 2008, 389(1): 149-164.
[191] Ouédraogo E, Mando A, Stroosnijder L. Effects of tillage, organic resources and nitrogen fertiliser on soil carbon dynamics and crop nitrogen uptake in semi-arid West Africa[J]. Soil and Tillage Research, 2006, 91(1-2): 57-67.
[192] Li H, Han Y, Cai Z. Nitrogen mineralization in paddy soils of the Taihu Region of China under anaerobic conditions: Dynamics and model fitting[J]. Geoderma, 2003, 115(3-4): 161-175.
[193] Chen S, Subler S, Edwards C A. Effects of agricultural biostimulants on soil microbial activity and nitrogen dynamics[J]. Applied Soil Ecology, 2002, 19(3): 249-259.
[194] Reddy K R, Khaleel R, Overcash M R, et al. A nonpoint source model for land areas receiving animal wastes: II. Ammonia volatilization[J]. Transaction of ASAE, 1979, 22(6): 1398-1404.
[195] Eisele M, Leibundgut C. Modelling nitrogen dynamics for a mesoscale catchment using a minimum information requirement (MIR) concept[J]. Hydrological Sciences Journal, 2002, 47(5): 753-768.
[196] Frissel M J, van Veeds J A. Simulation of Nitrogen Behaviour of Soil-plant Systems[R]. Wageningen: Centre for Agricultural Pub. and Documentation, 1981.
[197] Garrison M V, Batchelor W D, Kanwar R S, et al. Evaluation of the CERES-maize water and nitrogen balances under tile-drained conditions[J]. Agricultural Systems, 1999, 62(3): 189-200.
[198] 杨龙元，秦伯强，胡维平，等. 太湖大气氮、磷营养元素干湿沉降率研究[J]. 海洋与湖沼, 2007, 38(2): 104-110.

[199] 王雪梅, 杨龙元, 秦伯强, 等. 太湖流域春季降水化学组成及其来源研究[J]. 海洋与湖沼, 2006, 37(3): 249-255.

[200] 张修峰. 上海地区大气氮湿沉降及其对湿地水环境的影响[J]. 应用生态学报, 2006, 17(6): 1099-1102.

[201] 苏成国, 尹斌, 朱兆良, 等. 农田氮素的气态损失与大气氮湿沉降及其环境效应[J]. 土壤, 2005, 37(2): 113-120.

[202] 宋玉芝, 秦伯强, 杨龙元, 等. 大气湿沉降向太湖水生生态系统输送氮的初步估算[J]. 湖泊科学, 2005, 17(3): 226-230.

[203] 肖焱波, 李文学, 段宗颜, 等. 植物对硝态氮的吸收及其调控[J]. 中国农业科技导报, 2002, 4(2): 56-59.

[204] Crawford N M, Glass A D M. Molecular and physiology aspects of nitrate uptake in plants[J]. Trends in Plant Science, 1998, 3(10): 389-395.

[205] Berntsen J, Olesen J E, Petersen B M, et al. Long-term fate of nitrogen uptake in catch crops[J]. European Journal of Agronomy, 2006, 25(4): 383-390.

[206] Hansen E M, Djurhuus J. Yield and N uptake as affected by soil tillage and catch crop[J]. Soil and Tillage Research, 1997, 42(4): 241-252.

[207] Chen C R, Condron L M, Xu Z H. Impacts of grassland afforestation with coniferous trees on soil phosphorus dynamics and associated microbial processes: A review[J]. Forest Ecology and Management, 2008, 255(3-4): 396-409.

[208] Petersen S O, Petersen J, Rubæk G H. Dynamics and plant uptake of nitrogen and phosphorus in soil amended with sewage sludge[J]. Applied Soil Ecology, 2003, 24(2): 187-195.

[209] Greenwood D J, Stone D A, Karpinets T V. Dynamic model for the effects of soil P and fertilizer P on crop growth, P uptake and soil P in Arable cropping: Experimental test of the model for field vegetables[J]. Annals of Botany, 2001, 88(2): 293-306.

[210] 许秀美, 邱化蛟, 周先学, 等. 植物对磷素的吸收、运转和代谢[J]. 山东农业大学学报(自然科学版), 2001, 32(3): 397-400.

[211] 姚其华, 刘武定, 陈明亮, 等. 植物根系吸收磷的机理模型验证研究[J]. 植物营养与肥料学报, 1999, 5(3): 263-272.